_________________________ 드림

테마가 있는 여행 55선

지극히 **주관적인** 여행

테마가
있는여행
55선
지극히 **주관적인 여행**

초판 1쇄 인쇄 2015년 10월 21일
초판 1쇄 발행 2015년 10월 28일

지은이 이상헌, 서금영, 서봉규, 이인이

발행인 장상진
발행처 (주)경향비피
등록번호 제2012-000228호
등록일자 2012년 7월 2일

주소 서울시 영등포구 양평동 2가 37-1번지 동아프라임밸리 507-508호
전화 1644-5613 | **팩스** 02) 304-5613

ⓒ 이상헌, 서금영, 서봉규, 이인이

ISBN 978-89-6952-096-8 14980
        978-89-6952-084-5(SET)

· 값은 표지에 있습니다.
· 파본은 구입하신 서점에서 바꿔드립니다.

테마가 있는 여행 55선

글·사진 **이상헌 서금영 서봉규 이인이**

경향BP

테마가 있는 여행을
떠나 볼까요?

　여행의 종류는 크게 하나의 지역에 집중하며 그 고장의 다양한 면모를 알아가는 여행과 여러 지역에 흩어져 있는 유명한 명소나 맛집을 묶어 돌아보는 주제별 여행으로 나눌 수 있습니다. 지역 여행을 전통적인 방식의 여행이라고 한다면 주제별 여행은 최근 유행하는 트렌드 여행이라 할 수 있습니다. 최근에 많은 분들이 선호하시는 주제별 여행은 여행 후의 만족도가 높은 반면에 입증 안 된 낚시성 정보로 인하여 실망하고 돌아오시는 경우도 많습니다.

　여행을 계획할 때 중요한 점은 볼거리, 먹거리, 잠자리라고 생각하시겠지만, 사실 그 이전에 고민되어야 하는 것이 바로 어떤 모습을 그리며 여행을 떠날지에 관한 것입니다. 여행의 주제가 정해지지 않은 여행은 기대하는 바를 충족시키지 못할 가능성이 매우 높고 여행 자체에 실망하는 결과로 이어지곤 합니다. 그래서 최근에 여행을 떠나시는 분들 중에 미리 여행의 목적을 명확하게 하고 그것을 실천에 옮기려는 분들이 많아지고 있으며, 그러한 분들의 여행 만족도가 상당히 높은 편입니다.

　예를 들어 여행지를 먼저 정하는 것이 아니라 여행의 주제를 바다와 짬뽕이라고 명확하게 정해 놓으면 여행지는 군산, 강릉과 같이 바다와 짬뽕이 유명한 지역으로 쉽게 압축되고 볼거리, 잘 곳도 어렵지 않게 결정하게 됩니다. 또한 먹는 것에 집중하고 싶은 여행이 있는 반면, 어떨 때는 고급스런 호텔에서 럭셔리하게 푹 쉬고 싶을 때도 있을 것이며, 아이들과 함께하는 여행이나 어른들과 함께 떠나야 한다면 어떤 여행을 해야 할지 고민은 더욱 깊어질 것입니다. 이렇듯 최근 여행의 트렌드는 자신이 좋아하는 여행이나 함께 하는 사람들의 성향을 고려하여 하나의 컨셉을 깊게 파는 것에서부터 시작합니다.

지주여의 테마가 있는 여행 55선은 이러한 컨셉별, 트렌드 여행을 떠나시는 분들의 실패 확률을 줄이고 정확도를 높일 수 있도록 지주여에서 모두 직접 다녀보고 검증한 곳들로만 구성하였습니다. 여행객들이 선호하는 주제를 크게 13개의 카테고리로 정하고 그 안에서 총 55개의 주제를 뽑아 방대한 지점을 정리하여 소개하고 있습니다.

전국의 유명 맛집과 여행지를 섭렵하고 싶은 분들을 위한 TOP, 모아모아, 전국대전 시리즈에서부터 아이들을 위한 체험, 박물관, 유네스코 특집 그리고 세대별 감성에 맞도록 기획된 시리즈까지 담고 있습니다. 또한 지역의 특징을 최대한 살린 서울여행, 제주특집, 시티투어 그리고 계절별로 구분하고 있는 여름, 가을여행 카테고리까지 세심하게 구성하였습니다. 마지막으로 여행 계획 세우기 시리즈까지 첨가하여 지역 여행을 스스로 계획할 수 있도록 하였다는 것이 또 하나의 핵심입니다.

결과적으로 여행자가 생각하는 모든 여행의 컨셉을 단번에 선택하여 떠나실 수 있으며, 한눈에 콕 집어 원하는 여행을 찾아 볼 수 있다는 것이 이번 시리즈의 최대 장점입니다. 어떤 여행을 떠날지 고민된다면 이 책의 카테고리를 훑어보는 것만으로 고민은 단숨에 해결될 것이며, 맞춤형 여행까지 쉽게 계획할 수 있을 것입니다.

>>>>>>> **01**

TOP 시리즈

레일바이크
TOP7

여행지에 누군가와 함께 가서 같은 곳을 바라보고, 같은 생각을 한다는 것은 참으로 행복한 일입니다. 여러분은 그런 추억의 장소로 어디가 떠오르시나요?

경관이 아름다운 곳이나 좋아하는 장소를 찾는 것도 좋지만, 여행지에서 함께 발을 맞추고 목표점을 향해 간다는 것이 그리 쉬운 일은 아닙니다. 하지만 레일바이크에서는 쉽게 가능해진답니다. 자전거를 함께 타고 이야기하면서 아름다운 풍경까지 볼 수 있다면 정말로 잊지 못할 추억이 될 것입니다.

전국에 우후죽순으로 늘어나고 있는 레일바이크 중에서도 가 볼 만한 곳만 골라 순위를 매겨 보았습니다. 배점은 1. 시설의 우수성, 2. 주변 경관, 3. 접근성, 4. 부대시설, 5. 친절도를 기준으로 하여 평가했습니다. 시설의 우수성 면에서는 최근에 완공된 문경 구랑리역에, 바닷가 바로 옆에 몸을 붙이고 달리는 짜릿한 감동에 있어서는 삼척에, 접근성과 부대시설 면에서는 춘천에 최고점을 주었습니다.

주말에 가족이나 연인과 무엇을 함께 할지 고민이라면 레일바이크를 테마로 여행지를 선정해 보시기 바랍니다.

철로자전거
구랑리역

기본 정보
주소 경상북도 문경시 마성면 구랑로 20
전화 054-571-4200

요금&시간
운영 시간 09:00~17:00
휴무일 연중무휴
이용료 일반 25,000원, 단체 22,500원

구랑리역(출발)~먹뱅이(도착)
운행 거리 6.6km
소요 시간 1시간

02

삼척해양
레일바이크
용화, 궁촌역

기본 정보

주소 강원도 삼척시 근덕면 용화해변길 23
전화 033-576-0657

요금&시간
운영 시간 08:30~18:00
휴무일 매월 18일(주말인 경우 익일 휴무)
이용료 (주간) 2인승 20,000원, 4인승 30,000원,
(야간) 2인승 22,000원, 4인승 33,000원
운행 거리 5.4km
소요 시간 1시간

03

강촌 레일바이크 김유정역

기본 정보
주소 강원도 춘천시 신동면 김유정로 1383
전화 033-245-1000~2

요금&시간
운영 시간 09:00~18:00
휴무일 연중무휴
이용료 2인 25,000원, 4인 35,000원,
(레일바이크) 6km, 김유정역~휴게소, 1시간,
(낭만열차) 2.5km, 휴게소~강촌역, 20분

04

여수 해양 레일바이크

기본 정보
주소 전라남도 여수시 망양로 187
전화 061-652-7882

요금&시간
운영 시간 09:00~17:45
휴무일 연중무휴
이용료 2인 20,000원, 3인 25,000원, 4인 30,000원
운행 거리 3.5km
소요 시간 30분

05

대천 레일바이크 옥마역

기본 정보

주소 충청남도 보령시 옥마역길 74-30
전화 041-936-4100

요금&시간

운영 시간 주중 10:30~17:00,
주말 09:00~17:00(성수기 18:30까지)
휴무일 매월 1주 화요일
이용료 2인승 20,000원,
3인승 23,000원, 4인승 26,000원
운행 거리 5.0km
소요 시간 1시간

양평레일바이크

기본 정보

주소 경기도 양평군 용문면 용문로 277
전화 031-775-9911

요금&시간

운영 시간 (11월~2월) 09:00~18:00,
(3월~4월) 09:00~19:30,
(5월~10월) 09:00~21:00,
1시간 30분 간격,
21:00는 토요일, 공휴일 전날만 운영
휴무일 연중무휴
이용료 2인 25,000원, 4인 32,000원,
전동바이크(2인) 30,000원
운행 거리 6.4km **소요 시간** 1시간

정선레일바이크
구절리역

기본 정보

주소 강원도 정선군 여량면 노추산로 745
전화 033-563-8787

요금&시간

운영 시간 (3월~10월) 08:40~16:40,
(11월~2월) 08:40~14:50
휴무일 연중무휴
이용료 2인 25,000원, 4인 35,000원,
(레일바이크) 구절리역~아우라지역, 1시간,
(풍경열차) 아우라지역~구절리역, 30분
운행 거리 7.2km

전국 순대집
TOP4

여행지에서뿐만 아니라 식사 시간에 무엇을 먹을지 고민될 때 자연스럽게 찾는 메뉴가 바로 순대국입니다. 순대국은 학교 다닐 때 친구들과 먹거나 회사에서 점심시간에 동료들과 여러 번 먹어 보았어도 막상 오리지널 순대를 맛보신 분들은 별로 없을 것 같습니다.

순대 하면 백암순대, 아바이순대 등의 간판을 주변에서 흔히 보았지만 이번에는 진정 오리지널 순대집을 찾아가서 주변 볼거리도 함께 구경하는 여행을 떠나 보겠습니다. 그다지 특별함을 느끼지 못했던 순대국의 새로운 세계가 펼쳐질 것입니다.

용인 백암을 찾게 되면 백암순대와 함께 MBC사극 세트장인 MBC드라미아를 함께 찾아가 보시기 바랍니다. 담양에서는 메타세콰이어길, 죽녹원, 소쇄원을 방문한 후 식사로 대통순대를 맛보십시오. 또한 우리나라 리조트여행의 메카인 속초에는 아바이순대가 기다리고 있답니다. 마지막으로 천안의 병천에 가게 되면 순대로 점심을 드신 후 독립기념관을 함께 찾는 것도 잊지 마시기 바랍니다.

01

제일식당

기본 정보

주소 경기도 용인시 처인구 백암면 백암로201번길 11
전화 031-332-4608

메뉴&시간
모둠순대 15,000원, 오소리감투 15,000원,
백암순대 13,000원, 순대국 7,000원
영업시간 05:30~21:00
휴무일 구정, 추석 당일

02

옛날대통순대 전문점

기본 정보

주소 전라남도 담양군 담양읍 담주4길 44-8

전화 061-381-1622

메뉴&시간

대통암뽕순대 13,000원, 대통순대전골 (소)20,000원,
막창전골 (소)20,000원, 대통순대국밥 6,000원,
내장국밥 6,000원, 선지국수 4,000원

*포장, 택배 가능

영업시간 08:00~20:00

휴무일 연중무휴

속초진짜순대

기본 정보

주소 강원도 속초시 중앙로129번길 35-22

전화 033-636-6012

메뉴&시간

순대전골 (소)22,000원, 모둠순대 15,000원,
사골순대국 7,000원, 오징어순대 15,000원,
전골볶음밥 2,000원

영업시간 09:00~21:00

휴무일 구정, 추석 당일

04

병천
삼대를잇는
자매순대

기본 정보

주소 충청남도 천안시 동남구 병천면 아우내순대길 10
전화 041-552-2993, 010-4910-9822

메뉴&시간

순대국밥 7,000원, 얼큰한버섯국밥 8,000원,
순대 한 접시 (대)12,000원, (중)10,000원,
소머리국밥 8,000원, 소머리수육 30,000원,
순대 포장 12,000원
영업시간 08:30〜21:00
휴무일 연중무휴

전국 한정식집 TOP9

여행지에 도착하면 가장 먼저 고민되는 것이 바로 음식입니다. 여행 장소에 맞는 음식을 정하려고 하니 선뜻 결정하기 쉽지 않고 대충 먹으려고 하니 아쉬울 것입니다. 그래서 가장 만만하다는 한식을 선택하게 되는데 결론은 둘 중 하나였을 것입니다.

1. 무지 맛이 있으나 가격으로 그 대가를 톡톡히 치러야 하는 경우
2. 싼 만큼 입맛을 버리는 것으로 실망을 하게 되는 경우

위의 두 가지 상황을 겪지 않게 하기 위해서 지주여가 추천해 드리려고 합니다. 전국의 가격 대비 만족도가 높은 한정식집들을 살펴보시기 바랍니다.

01

경북전통음식
체험관
모심정

기본 정보

주소 경상북도 문경시 마성면 봉생1길 13

전화 054-571-1845, 010-9323-1845

메뉴&시간

특산물체험(A) 15,000원,

특산물체험(B) 25,000원,

특산물체험(C) 35,000원

영업시간 11:30~20:00

휴무일 구정, 추석 당일

02

청학동회관

기본 정보

주소 전라북도 남원시 관서당길 31

전화 063-625-2466

메뉴&시간

청학동정식(A) 28,000원, (B) 33,000원, (C) 38,000원,
참게장정식 15,000원, 강된장정식 15,000원

영업시간 11:30~21:00

브레이크 타임 16:00~17:30

휴무일 구정, 추석 연휴

03

교동한식

기본 정보
주소 전라북도 전주시 완산구 태조로 12
전화 063-288-4004

메뉴&시간
한정식(4인 기준) 60,000원~120,000원,
교동한식(1인) 12,000원
영업시간 11:00~21:00
휴무일 연중무휴

04

한일관
엑스포점

기본 정보
주소 전라남도 여수시 어항단지로 205
전화 061-643-0006

메뉴&시간
해산물한정식(2인) 60,000원, (3인) 80,000원, (4인) 100,000원,
해산물한정식(특, 2인) 80,000원, (특, 3인) 100,000원,
(특, 4인) 120,000원,
생선회/전복회 (중)30,000원, (대)50,000원
영업시간 11:00~21:00
휴무일 구정, 추석 연휴

05

돌집식당

기본 정보
주소 충청북도 단양군 단양읍 중앙2로 11
전화 043-422-2842, 043-423-4949

메뉴&시간
곤드레마늘특정식(2인 이상) 20,000원,
곤드레마늘정식(2인 이상) 17,000원,
곤드레정식(2인 이상) 12,000원,
마늘육회(250g) 35,000원,
떡갈비(중, 350g) 20,000원, (대, 450g) 25,000원,
수육 (중)15,000원, (대)20,000원,
올갱이해장국 8,000원,
불고기(300g) 국내산 15,000원, 호주산 13,000원,
공기밥 1,000원
영업시간 10:30〜20:30
휴무일 매주 화요일, 구정, 추석 연휴

진일관

기본 정보

주소 전라남도 해남군 해남읍 명량로 3009
전화 061-532-9932

메뉴&시간

2인 60,000원,
3인 80,000원,
4인 100,000원,
1인 추가 25,000원
영업시간 점심 11:00~14:00, 저녁 17:00~21:00
휴무일 구정, 추석 연휴

천일식당

기본 정보

주소 전라남도 해남군 해남읍 읍내길 20-8
전화 061-536-4001, 061-535-1001

메뉴&시간

떡갈비정식 28,000원,
불고기정식 22,000원,
갈비 추가 23,000원
영업시간 09:30~21:30
휴무일 구정, 추석 연휴

08

백련산방

기본 정보
주소 전라남도 구례군 마산면 화엄사로 178
전화 061-782-0405

메뉴&시간
연잎밥정식 15,000원,
백반정식 10,000원(정식 주문 시 2인상은 5,000원 추가),
산채비빔밥 8,000원, 뚝배기비빔밥 9,000원,
낙지비빔밥 10,000원, 한방토종백숙 50,000원,
낙지주물럭+사리 30,000원, 해물파전/산채전 10,000원,
도토리묵 10,000원
영업시간 11:00~21:00
휴무일 매월 2, 4주 월요일, 구정, 추석 당일

09

동해관

주소 강원도 강릉시 율곡로 3020
전화 033-642-3534, 033-641-7783

메뉴&시간
불고기수라상1 15,000원,
불고기수라상2 20,000원,
진갈비살구이정식1 30,000원,
진갈비살구이정식2(진갈비살구이정식1+돌솥밥) 35,000원,
영양돌솥밥 12,000원, 영양돌솥밥정식 17,000원,
불고기정식 15,000원, 갈비살구이 16,000원
영업시간 11:00~21:00
휴무일 구정, 추석 전일/당일

전국 닭강정 TOP 4

부담 없이 즐길 수 있는 전국 유명 시장의 닭강정 TOP4를 소개합니다. 닭강정 집은 3가지를 기준으로 선정하였습니다. 닭 한 마리의 기준을 다시 생각해야 할 정도로 푸짐한 양을 자랑하는 곳, 시장의 이점을 살려 신선한 재료를 사용하는 곳, 대규모 주차장을 이용할 수 있어 주차 스트레스가 없는 곳입니다.

인천의 신포닭강정은 닭강정을 대중화한 곳입니다. 신포시장 입구에 위치한 신포닭강정은 인천을 고향으로 둔 분들에게는 추억의 장소이자 자랑거리입니다. 약간 매운맛의 신포닭강정을 사려는 사람들로 평일에도 오전부터 북적입니다.

단양 시내에 위치한 구경시장 흑마늘닭강정집은 생닭 도매집도 함께하여 닭 의 신선도와 양에서 상상을 초월합니다. 알싸하고 달달한 마늘 양념이 강정의 느 끼함을 균형 있게 잡아줍니다. 미리 만들어 놓지 않고 주문 즉시 튀기므로 도착 30분 전에 꼭 전화 주문을 하셔야 합니다. 구경시장에서는 단양의 특산품인 마늘 을 구입하는 것도 잊지 마시고요.

영월의 서부시장 근처 요리골목이 영화 〈라디오스타〉의 촬영지입니다. 이곳 시장 한복판에 위치한 일미닭강정식당을 꼭 들러보셔야 합니다. 이곳의 닭강정 은 순살 닭강정으로, 자극적이지 않으면서도 달콤새콤한 양념과 바삭한 튀김옷 이 어우러져 그 맛이 일품입니다. 소 사이즈가 2~3인분의 양입니다.

닭강정을 전국구 스타로 만든 닭집이 바로 속초 만석닭강정입니다. 뼈 있는 닭 강정이 특징인 만석닭강정은 속초 중심의 중앙시장에 위치하여 시내투어를 할 때나 드라마 〈가을동화〉의 추억을 간직한 갯배를 탈 때 함께 방문하기 좋습니다.

01

신포닭강정

기본 정보

주소 인천광역시 중구 신포동 1-12 신포시장
전화 032-762-5800

메뉴&시간

닭강정 (대)16,000원, (중)11,000원,
후라이드 (대)16,000원), (중)11,000원
영업시간 평일 10:00~21:00, 주말 09:30~21:30
휴무일 매주 월요일, 구정, 추석 연휴

02

흑마늘닭강정

기본 정보

주소 충청북도 단양군 단양읍 도전4길 30 구경시장
전화 043-422-2758, 010-5340-2388

메뉴&시간

흑마늘닭강정(순살) 18,000원, (뼈) 17,000원,
빨강마늘닭강정(순살) 18,000원, (뼈) 17,000원,
후라이드(순살) 15,000원, (뼈) 13,000원
*주말에는 순살만 주문 가능
영업시간 09:00~19:30
휴무일 구정, 추석 연휴

03

일미닭강정식당

기본 정보
주소 강원도 영월군 영월읍 서부시장길 25-11
전화 033-374-0151, 010-5417-0151

메뉴&시간
닭강정(소, 600g) 10,000원,
(중, 1kg) 16,000원,
(대, 2kg) 32,000원
영업시간 09:30~20:00
휴무일 연중무휴

04

만석닭강정
[중앙시장 분점]

기본 정보
주소 강원도 속초시 중앙로147번길 16
전화 1577-9042

메뉴&시간
닭강정(화끈한맛) 17,500원,
닭강정(보통맛) 17,000원,
후라이드 15,000원
영업시간 09:00~20:00
휴무일 연중무휴

전국 수목원
TOP5

주말 가족여행의 핫테마로 가장 만만해 보이는 수목원을 계획하시는 분들 많을 듯합니다. 하지만 의외로 수목원을 절대 찾지 말아야 할 테마로 정해 놓으신 분들 또한 많습니다. 이유는 바로 가격 대비 말도 안 되는 만족도 때문입니다. 전국의 유명 식물원들이 돈벌이에 급급하여 입장료는 비싸게 받으면서 시설과 규모 면에서는 관람객의 욕구를 충족시켜주지 못하고 있습니다.

비싼 입장료에 볼 것도 시원치 않고 불친절하기까지 한 곳이 많습니다. 하지만 무리하지 않으면서 다양한 식물과 볼거리가 가득한 곳이라면 만족도가 꽤 높을 것입니다. 가족들의 칭찬을 들을 수 있는 수목원 TOP5의 선정 기준은 먼저 가격 대비 식물들의 다양성, 규모, 희귀성, 독창성, 역사성, 이슈 등입니다.

천리포수목원은 해안가 수목원이라는 희귀성과 '세계의 아름다운 수목원'이라는 국제수목학회 인증을 받은 이슈, 드라마 촬영지였던 장사도해상공원 까멜리아는 이슈와 규모, 국립수목원은 규모와 다양성 그리고 가격, 제이드가든 수목원은 고급스러운 독창성, 여미지식물원은 동양 최대 규모 및 다양성을 기준으로 선정하였습니다.

01 천리포수목원

기본 정보

주소 충청남도 태안군 소원면 천리포1길 187
전화 041-672-9982

요금&시간

운영 시간 (4월~10월) 09:00~18:00,
(11월~3월) 09:00~17:00
입장 마감 폐장 1시간 전까지
휴원일 연중무휴
입장료 (12월~3월) 성인 6,000원, 청소년 4,000원,
어린이 3,000원, 특별 할인 4,000원,
(4월~11월) 성인 9,000원, 청소년 5,000원,
어린이 4,000원, 특별 할인 5,000원
[특별 할인] 65세 이상, 국가유공자, 장애인
[단체 할인] 성인 30명 이상 1,000원 할인
[무료 입장] 4세 미만, 소원면 주민,
1~3급 장애인(신분증 및 확인증 제시자에 한함)
주차료 무료

02

장사도
해상공원
까멜리아

기본 정보
주소 경상남도 통영시 한산면 장사도길 55
전화 055-633-0362

요금&시간
관람 시간 (10월~3월) 08:30~17:00,
(4월~9월) 08:00~19:00
입장 마감 폐장 2시간 전까지
휴원일 구정 전일 및 당일, 태풍 및 기상 악화로 유람선 운항
결항 시(전화 문의)
이용 요금 (단체 30인 이상)
[개인] 성인 8,500원, 청소년/군인 7,000원,
어린이/장애인 5,000원
[단체] 청소년/군인 6,000원, 어린이 4,500원
중요 시설 식물원, 갤러리, 동백숲길, 수생식물원
규모 총 면적 13만 평 중 개발 면적 약 3만 평

03

국립수목원

기본 정보

주소 경기도 포천시 소흘읍 광릉수목원로 415
전화 031-540-2000

요금&시간

관람 시간 (4월~10월) 09:00~18:00,
(11월~3월) 09:00~17:00
입장 마감 폐장 1시간 전까지
휴원일 일요일, 월요일, 신정, 구정, 추석 연휴
입장료 어른 1,000원, 청소년 700원, 어린이 500원
[무료] 만 6세 이하, 유공자, 장애인, 만 65세 이상
주차료 소형 3,000원, 경차/저공해차 1,500원, 대형 5,000원,
이륜차 1,000원
*수목원 관람은 사전 예약자에 한하여 가능

제이드가든 수목원

기본 정보

주소 강원도 춘천시 남산면 햇골길 80
전화 1588-2299, 033-260-8300

요금&시간

관람 시간 여름 09:00~19:30,
봄/가을 09:00~18:30, 겨울 09:00~18:00
입장 마감 폐장 1시간 전까지
(일몰 시간에 따라 폐장 시간 변동)
휴원일 연중무휴
입장료 어른 8,500원, 청소년 6,500원,
어린이 5,500원, 경로우대/장애인/국가유공자/지역민 6,500원
[무료] 36개월 미만
주차료 무료

05

여미지식물원

기본 정보
주소 제주특별자치도 서귀포시 중문관광로 93
전화 064-735-1100, 064-738-3828

요금&시간
관람 시간 09:00~18:00
입장 마감 폐장 30분 전까지
휴원일 연중무휴
관람료 (단체 10인 이상)
[개인] 일반 9,000원, 청소년 6,000원,
어린이 5,000원, 경로 7,000원
[단체] 일반 7,000원, 청소년 5,000원,
어린이 4,000원, 경로 6,000원
주차료 무료

혼자 찾기 좋은 여행지 TOP 5

누구나 한 번쯤은 혼자서 여행을 떠나고 싶을 때가 있을 것입니다. 누군가와 함께하는 여행에서는 어느 곳으로 여행을 떠날지 결정하기가 좀 더 수월하고, 여행지에 대한 아쉬움이 있을 때에도 동반자들로 인하여 아쉬움이 많이 줄어들기도 합니다. 때문에 혼자 여행을 떠나려고 하면 매우 신중해질 수밖에 없으며, 오랜 시간 고민하게 됩니다. '정말 잘하는 일일까? 느끼고 싶은 감성을 과연 얻고 돌아올 수 있을까?' 하면서 말입니다. 혼자 여행을 떠나려고 할 때에는 두 가지에 특히 신경을 써야 합니다.

먼저 여행을 떠나려는 자신의 감정 상태와 여행지에서 깊이 생각하고 느끼고 싶은 감성이 어떠한 것인지 생각해 보는 것입니다. 그런 다음, 자신의 감정 상태에 잘 맞을 만한 여행지를 선택하는 것입니다.

이번에 소개하는 여행지들은 혼자 찾기에 좋은 여행지입니다. 물론 연인, 가족과 방문해도 좋습니다. 주변 분위기가 왠지 모르게 감성을 좀 더 풍부하게 만들어주는 곳들로 추천하였습니다.

병산서원

기본 정보

주소 경상북도 안동시 풍천면 병산길 386
전화 054-858-5929

요금&시간

관람 시간 하절기 09:00~18:00,
동절기 09:00~17:00
휴무일 연중무휴
관람료 무료
주차료 무료
병산서원 사적 제260호

02

묵호등대

기본 정보

주소 강원도 동해시 해맞이길 289

전화 033-531-3258

요금&시간

관람 시간 하절기 06:00~20:00,
동절기 07:00~18:00

등탑전망대 관람 시간 09:00~18:00

휴무일 연중무휴

관람료 무료

주차료 무료

03

소쇄원

기본 정보

주소 전라남도 담양군 남면 소쇄원길 17
전화 061-381-0115

요금&시간

관람 시간 (3월~4월, 9월~10월) 09:00~18:00,
(5월~8월) 09:00~19:00, (11월~2월) 09:00~17:00
휴무일 연중무휴
관람료 (단체 20인 이상)
[개인] 어른 2,000원, 청소년/군경 1,000원, 어린이 700원
[단체] 어른 1,600원, 청소년/군경 700원, 어린이 500원
[무료] 65세 이상 경로, 국가유공자, 장애인, 미취학 아동
소쇄원 명승 제40호

아야진해변

기본 정보

주소 강원도 고성군 토성면 아야진해변길 157
전화 문화관광체육과 033-680-3357

요금&시간

입장 시간 (매년 7월~8월) 06:00~24:00
입장료 무료
주차료 무료

강릉선교장

기본 정보
주소 강원도 강릉시 운정길 63
전화 033-646-3270

요금&시간
관람 시간 (3월~10월) 09:00~18:00,
(11월~2월) 09:00~17:00
휴무일 연중무휴
관람료 (단체 30인 이상)
[개인] 성인 5,000원, 청소년 3,000원, 어린이 2,000원
[단체] 성인 3,500원, 청소년 2,000원, 어린이 1,000원
주차료 무료
선교장 중요민속문화재 제5호

강화도
펜션 편

날씨 좋은 주말을 맞이하여 기왕이면 바다도 있고 산도 있고, 거리는 수도권에서 1시간 정도인 데다가, 1박 여행의 핵심인 훌륭한 숙소까지 있는 여행지를 찾으신다면 그곳이 바로 강화도입니다. 이번에는 강화도 1박 여행으로 좋은 숙박지를 모아모아 소개해 드리겠습니다. 강화도에서 총 9곳의 숙소를 선정하였는데 모두 지주여에서 협찬 없이 직접 방문하여 묵어 보았다는 점이 핵심입니다. 강화도의 숙박 중심지는 4곳으로 압축할 수 있습니다.

통일전망대와 봄 꽃놀이의 메카 고려산이 있는 북부권과 강화도 어디로든 움직임이 좋은 중서부, 전등사와 마니산 그리고 동막해변이 있어 더 이상 말이 필요 없는 남부권, 수도권 바다여행 일번지 석모도입니다. 이상 4개의 지역에서 골고루 2~3곳씩 숙소를 선정하였습니다.

01

아띠하우스
[북부권]

기본 정보
주소 인천광역시 강화군 양사면 덕하로 93-20
전화 010-9024-8257

요금&시간
입실 15:00, 퇴실 12:00,
추가 인원 20,000원
[센스, 복층, 2인+2인]
일요일~목요일 150,000원,
금요일 180,000원, 토요일 200,000원
[소울, 2인]
일요일~목요일 130,000원,
금요일 150,000원, 토요일 180,000원
[힐링1, 2인+1인]
일요일~목요일 150,000원,
금요일 180,000원, 토요일 200,000원
[큐어, 복층, 2인+3인]
일요일~목요일 180,000원,
금요일 200,000원, 토요일 230,000원

레스트 혜윰
[북부권]

기본 정보

주소 인천광역시 강화군 내가면 고비고개로 906-20
전화 032-934-5077

요금&시간

입실 15:00, 퇴실 12:00, 추가 인원 10,000원
[A형 커플룸, 11평, 2인]
주중 100,000원, 주말 130,000원, 성수기 130,000원
[B형 패밀리룸, 22평, 2인+2인]
주중 180,000원, 주말 200,000원, 성수기 200,000원
[B-03 커플룸, 15평, 2인]
주중 120,000원, 주말 150,000원, 성수기 150,000원

02

109하우스
[중서부]

기본 정보

주소 인천광역시 강화군 양도면 건평리 해안서로 540
전화 031-908-8893

요금&시간

입실 15:00, 퇴실 11:30, 추가 인원 20,000원
[플로럴화이트, 2인+2인]
(비수기) 주중 120,000원, 금요일 160,000원,
토요일 190,000원,
(준성수기) 190,000원, (성수기) 210,000원
[라임그린, 2인+2인]
(비수기) 주중 170,000원, 금요일 210,000원,
토요일 240,000원,
(준성수기) 240,000원, (성수기) 260,000원
[미스티로즈, 2인+2인]
(비수기) 주중 180,000원, 금요일 220,000원,
토요일 250,000원,
(준성수기) 250,000원, (성수기) 270,000원

라르고빌 [중서부]

기본 정보
주소 인천광역시 강화군 화도면 해안남로 2845-25
전화 032-555-8868

요금&시간
입실 15:00, 퇴실 12:00, 추가 인원 20,000원
[슈페리어, 2인]
(비수기) 주중 120,000원, 금요일 140,000원,
토요일 170,000원,
(성수기) 주중 170,000원, 금요일 190,000원,
토요일 220,000원
[스파, 2인]
(비수기) 주중 170,000원, 금요일 190,000원,
토요일 220,000원,
(성수기) 주중 220,000원, 금요일 240,000원,
토요일 270,000원

[트윈, 2인+1인]
(비수기) 주중 150,000원, 금요일 170,000원,
토요일 200,000원,
(성수기) 주중 200,000원, 금요일 220,000원,
토요일 250,000원

03

리앙뜨펜션 [남부권]

기본 정보
주소 인천광역시 강화군 화도면 해안남로 1600
전화 010-3290-9050

요금&시간
입실 15:00, 퇴실 11:30, 추가 인원 20,000원
[파미유, 3인+1인]
(비수기) 평일 130,000원, 금요일 160,000원,
토요일 180,000원,
(준성수기) 180,000원, (성수기) 200,000원
[아띠랑스, 2인]
(비수기) 평일 110,000원, 금요일 130,000원,
토요일 150,000원,
(준성수기) 150,000원, (성수기) 160,000원

[보쉐르, 2인]
(비수기) 평일 80,000원, 금요일 90,000원,
토요일 120,000원,
(준성수기) 120,000원, (성수기) 130,000원

메종드라메르 [남부권]

기본 정보

주소 인천광역시 강화군 화도면 해안남로 1399
전화 032-937-7460, 010-8995-9477

요금&시간

입실 15:00, 퇴실 12:00, 추가 인원 20,000원,
바비큐 그릴 이용료(숯, 그릴) 2인당 15,000원,
1인 추가 시 5,000원
[셰즈, 2인]
(비수기) 평일 80,000원, 금요일 100,000원,
토요일 130,000원,
(준성수기) 평일 120,000원, 주말 170,000원,
(성수기) 170,000원

[메종, 2인+2인]
(비수기) 평일 120,000원, 금요일 140,000원,
토요일 180,000원,
(준성수기) 평일 160,000원, 주말 210,000원,
(성수기) 210,000원
[포레, 2인+1인]
(비수기) 평일 140,000원, 금요일 160,000원,
토요일 200,000원,
(준성수기) 평일 170,000원, 주말 220,000원,
(성수기) 220,000원

어썸플레이스
[남부권]

기본 정보
주소 인천광역시 강화군 길상면 해안남로620번길 6
전화 010-8754-0428

요금&시간
입실 15:00, 퇴실 12:00, 추가 인원 10,000원
[A-1, 스파, 2인+2인]
(비수기) 평일 150,000원, 금요일 180,000원, 토요일 220,000원,
(준성수기) 평일 180,000원, 금요일 230,000원, 주말 230,000원,
(성수기) 240,000원
[B-1, 2인]
(비수기) 평일 100,000원, 금요일 140,000원, 토요일 160,000원,
(준성수기) 평일 140,000원, 금요일 170,000원, 주말 170,000원,
(성수기) 180,000원
[C-1, 4인+2인]
(비수기) 평일 220,000원, 금요일 260,000원, 토요일 310,000원,
(준성수기) 평일 260,000원, 금요일 320,000원, 주말 320,000원,
(성수기) 330,000원

나무와 숲
[석모도]

기본 정보
주소 인천광역시 강화군 삼산면 어류정길212번길 17
전화 032-933-9290, 010-9187-9187

요금&시간
입실 15:00, 퇴실 12:00, 추가 인원 10,000원
[101호~104호, 2인, 취사 가능]
(비수기) 일요일~목요일 70,000원, 금요일 80,000원,
토요일 100,000원,
(성수기) 7월 21일~7월 25일 80,000원,
8월 18일~8월 22일 70,000원~90,000원,
7월 26일~8월 17일 100,000원~120,000원
[201호~203호, 2인+2인, 후면 다락, 취사 가능]
(비수기) 일요일~목요일 90,000원, 금요일 100,000원,
토요일 130,000원,
(성수기) 7월 21일~7월 25일 110,000원,
8월 18일~8월 22일 90,000원~110,000원,
7월 26일~8월17일 120,000원~170,000원

클럽피오씨 펜션
[석모도]

기본 정보

주소 인천광역시 강화군 삼산면 삼산남로 442-15
전화 010-3944-6379

요금&시간

입실 15:00, 퇴실 11:00, 추가 인원 20,000원,
바비큐 그릴 이용료(숯, 그릴) 2인당 18,000원
[A동 B-TYPE, 2인+1인]
(비수기) 주중 120,000원, 주말 140,000원,
(성수기) 주중 175,000원, 주말 215,000원
[A동 C-TYPE, 2인+2인]
(비수기) 주중 140,000원, 주말 160,000원,
(성수기) 주중 195,000원, 주말 235,000원
[B동 A-TYPE, 2인+2인]
(비수기) 주중 160,000원, 주말 180,000원,
(성수기) 주중 215,000원, 주말 255,000원
[B동 G-TYPE, 2인+2인]
(비수기) 주중 140,000원, 주말 160,000원,
(성수기) 주중 195,000원, 주말 235,000원

냉면 편

함흥냉면

1   양반댁 함흥냉면 [속초]
2   이조면옥 [속초]
3   오장동함흥냉면 [서울 오장동]

평양냉면

1   온양 평양면옥 [아산]
2   숯골원냉면 [대전]
3   평양면옥 [서울 장충동]

냉면에 무슨 큰 차이가 있냐고 하실지 모르지만 지역에 따라 면을 만드는 재료에서부터 국물 맛을 우려내는 방식까지 천차만별입니다. 냉면 중에서도 가장 많은 분들이 선호하시는 평양냉면과 함흥냉면을 골라 서울에서 각각 한 곳 그리고 여행지에서 찾으실 수 있는 곳으로 두 곳씩 선정하여 소개하려고 합니다.

먼저 함흥냉면 하면 서울의 오장동을 빼놓을 수가 없겠죠? 그리고 나머지 두 곳은 모두 속초에 있답니다. "속초에 냉면집?" 하고 의아하게 생각하시는 분들이 분명 있을 것입니다. 하지만 속초는 아주 오래전부터 냉면의 명장들이 자리를 잡기 시작했고, 인근으로 퍼져 나가면서 현재는 전국에서도 매우 이름난 냉면의 고장이 되었습니다.

속초에 워낙 유명한 냉면집들이 많이 있지만, 그중에서 실제로 먹어 보고 가장 높은 점수를 주었던 두 곳을 선정하였습니다. 역시 함흥냉면은 비빔냉면이라고 하였던가요? 속초의 두 냉면집 모두 비빔냉면을 강력 추천합니다.

평양냉면은 조금 심심하기도 하면서 깊은 맛이 있는, 바로 알아채지는 못하지만 이상하게 자꾸 생각나는 맛이라 하고 싶습니다. 서울에서 가장 유명한 한 곳, 그리고 나머지 두 곳은 충청남도에 위치하고 있으며, 모두 수십 년 이상 한 지역에서 뿌리내리고 있는 냉면의 명가라 할 수 있습니다.

01

양반댁
함흥냉면
[속초]

기본 정보
주소 강원도 속초시 청초호반로 302
전화 033-636-9999

메뉴&시간
함흥냉면 7,000원, 물냉면 7,000원,
냉면곱빼기 8,000원,
수육(소고기) 25,000원, 편육(돼지) 20,000원
영업시간 10:30~19:00
휴무일 매월 2, 4주 월요일

02

이조면옥
[속초]

기본 정보
주소 강원도 속초시 동해대로3930번길 4
전화 033-632-3181

메뉴&시간
냉면 7,000원, 막국수 7,000원,
수육 18,000원, 사리 4,000원
영업시간 11:00~20:00
휴무일 구정, 추석 연휴

03

오장동함흥냉면
[서울 오장동]

기본 정보

주소 서울특별시 중구 마른내로 108
전화 02-2267-9500

메뉴&시간

회냉면 9,000원, 비빔냉면 9,000원,
물냉면 9,000원, 온면 9,000원,
사리 3,000원, 수육(200g) 20,000원
영업시간 11:00~21:00
휴무일 구정, 추석 연휴

01

온양 평양면옥
[아산]

기본 정보
주소 충청남도 아산시 온천대로 1420-1
전화 041-546-0092

메뉴&시간
평양냉면 8,000원, 함흥냉면 8,000원,
녹두부침 12,000원, 수육 30,000원
영업시간 11:00~20:00
휴무일 매주 월요일

02

숯골원냉면
[대전]

기본 정보
주소 대전광역시 유성구 신성로84번길 18
전화 042-861-3287

메뉴&시간
물냉면 7,000원, 비빔냉면 8,000원,
평양식왕만두 6,000원, 떡만둣국 7,000원,
꿩냉면 12,000원, 온면 7,000원
영업시간 11:00~21:30
휴무일 구정, 추석 당일

평양면옥
[서울 장충동]

기본 정보

주소 서울특별시 중구 장충단로 207
전화 02-2267-7784

메뉴&시간

냉면 11,000원, 비빔면 11,000원,
만둣국 11,000원, 냉면사리 7,000원,
편육 25,000원, 불고기(200g) 28,000원,
어복쟁반 (소)50,000원
영업시간 11:00~21:30
휴무일 구정, 추석 연휴

전통
한옥마을 편

우리의 오랜 전통문화를 가장 가까이에서 느끼고, 보고, 체험할 수 있는 장소는 바로 전통 한옥마을입니다. 한옥마을을 둘러볼 때 가장 중요한 점은 바로 전체를 봐야 한다는 것입니다. 그 방법을 간단하게 정리하면 다음과 같습니다.

1. 한옥마을을 둘러볼 때는 먼저 전체 지도를 펴 놓고 마을의 뼈대인 개천, 수로 등을 통해 물의 흐름을 파악한다.
2. 마을의 종택, 사당 등의 위치가 어디인지 알아둔다.
3. 마을을 걸을 때는 종택, 사당 등을 목표지로 삼아 이미 파악해 놓은 물길을 따라 걷는다.
4. 골목을 돌아다닐 때에는 길이 아니라 길들이 모이는 교점에 집중한다.

이렇게 둘러보시면 전체를 조망하지 않더라도 흐름 속에서 전체를 자연스럽게 느끼게 될 것입니다. 골목이 너무 많아 어느 골목을 다녀야 할지 난감하다면 체험 프로그램을 운영하는 장소를 목표로 다시 설정하여 움직이십시오. 한옥을 보실 때에는 자세한 목구조를 파악하기보다는 비율과 배경에 집중해 보시기 바랍니다. 다시 말해 기둥과 지붕의 비율, 칸과 툇마루의 균형 등을 보시다 보면 나중에는 어떤 한옥이 예쁜 한옥인지도 보일 것입니다. 그리고 나서 지붕선과 배후의 산세, 주변 한옥과 용마루, 처마 걸침을 함께 살펴보시면 됩니다.

01

외암민속마을

기본 정보
주소 충청남도 아산시 송악면 외암민속길 5
전화 041-544-8290

요금&시간
관람 시간 (3월~10월) 09:00~17:30,
(11월~2월) 09:00~17:00
휴무일 연중무휴
관람료 (단체 30명 이상)
[개인] 성인 2,000원, 청소년/군경/어린이 1,000원
[단체] 성인 1,600원, 청소년/군경/어린이 800원
주차료 무료
외암리참판댁 중요민속문화재 제195호

02

영주 무섬마을

기본 정보

주소 경상북도 영주시 문수면 무섬로234번길 31-12
전화 054-634-0040

요금&시간

관람 시간 제한 없음
휴무일 연중무휴
관람료 무료
주차료 무료
무섬 외나무다리 축제 매년 10월 개최

전통한옥체험

섬계고택(김동근 가옥)
주소 영주시 문수면 무섬로234번길 11-7
전화 010-9779-3363, 054-638-4520
김규진 가옥(무섬 민박)
주소 영주시 문수면 무섬로234번길 31-2
전화 010-4855-6855

03

괴시마을

기본 정보
주소 경상북도 영덕군 영해면 괴시리
전화 영덕군청 문화관광과 054-730-6533

요금&시간
관람 시간 24시간
휴무일 연중무휴

목은기념관
관람 시간 09:00~17:00
휴관일 매주 월요일
입장료 무료
주차료 무료

04

안동하회마을

기본 정보
주소 경상북도 안동시 풍천면 하회종가길 2-1
전화 054-852-3588

요금&시간
관람 시간 하절기 09:00~19:00, 동절기 09:00~18:00
휴무일 연중무휴
관람료 (단체 30명 이상)
[개인] 성인 3,000원, 청소년 1,500원, 어린이 1,000원
[단체] 성인 2,500원, 청소년 1,200원, 어린이 900원
주차료 소형 1,000원, 중형 2,000원, 대형 4,000원
하회 양진당 보물 제306호
하회 충효당 보물 제414호
하회마을 만송정 숲 천연기념물 제473호

05

양동마을

주소 경상북도 경주시 강동면 양동마을길 93
전화 매표소 054-762-6263, 체험 안내 054-762-2633

요금&시간
관람 시간 (4월~9월) 09:00~19:00,
(10월~3월) 09:00~18:00
휴무일 연중무휴
관람료 성인 4,000원, 청소년 2,000원, 어린이 1,500원
주차료 무료
양동 무첨당 보물 제411호
양동 향단 보물 제412호
양동 관가정 보물 제442호

짬뽕대전

여행하면서 그 장소에 맞는 향토 음식을 꼭 먹어줘야 할 것만 같지만 막상 도전해 보려고 하면 쉽지가 않습니다. 그래서 많이들 찾게 되고 전국적으로 유명세를 타는 메뉴 중 하나가 바로 짬뽕입니다. 여행지에서의 숙취 해소에 딱 맞으면서도 왠지 그 지역에 유명한 짬뽕집이 있다고 하면 줄을 서서라도 꼭 찾아서 인증샷을 찍어야 제대로 된 여행을 한 것 같은 기분이 납니다.

짬뽕은 사실 어느 지역에 가도 평균치의 수준을 유지하는 식당을 쉽게 찾을 수 있습니다. 다시 말해 실패할 확률이 적다는 것이죠. 하지만 짬뽕도 그 퀄리티의 차이를 따지고 들어가면 끝이 없습니다. 어떤 방식으로 면을 뽑느냐에서부터 가장 많은 분들이 중요하다고 생각하는 음식의 양과 질이 어떤지까지. 여기서 국물에 대한 평가는 대부분 조금 관대한 편인데, 매운맛에 드시는 분들이 많기 때문으로 생각됩니다. 그러나 짬뽕집들 간에 가장 큰 차이를 보이는 부분이 바로 국물입니다. 크게 매운맛이 강한 집들과 맵지 않으면서도 얼큰함이 오래가는 집들이 있습니다.

추천 장소로는 독특함이 있고 맵지 않으면서도 얼큰함이 있는 짬뽕집에 높은 점수를 주었다는 점 참고하시기 바랍니다.

01

교동반점
[강릉]

기본 정보

주소 강원도 강릉시 강릉대로 205
전화 033-646-3833

메뉴&시간

짬뽕면 7,000원, 짬뽕밥 7,000원,
군만두 6,000원, 공기밥 별도 1,000원
영업시간 10:00~20:00
휴무일 매주 월요일, 신정, 구정, 추석 연휴

02

황해원
[보령]

기본 정보

주소 충청남도 보령시 성주면 심원계곡로 8
전화 041-933-5051

메뉴&시간

짜장면 4,500원, 짬뽕 5,000원
영업시간 11:30~재료 소진 시(15:00 이전)
휴무일 구정, 추석 당일

시내짬뽕
[충주]

기본 정보

주소 충청북도 충주시 행정7길 8

전화 043-856-2666, 010-6664-6234

메뉴&시간

옹기짬뽕 7,000원, 옹기짬뽕밥 7,500원,

짜장면 5,000원, 유아짜장 2,000원,

짬뽕냄비(술안주, 무한사리) 15,000원,

탕파소 (소)11,000원, 마늘탕파소 12,000원,

오징어탕파소 17,000원, 탄산음료(무한리필) 500원

영업시간 11:30~20:30

휴무일 매주 월요일, 구정, 추석 당일

연장 영업 (6월 10일~8월 31일) 04:00~24:00

04

이운비바리
짬뽕
[제주시]

기본 정보

주소 제주특별자치도 제주시 애월읍 하귀9길 11
전화 064-743-7090

메뉴&시간
전복오징어짬뽕 15,000원, 해물짬뽕 8,500원,
해물볶음짬뽕 8,500원, 매운해물짬뽕 8,500원,
해물짜장 7,500원, 매운해물짜장 8,000원,
비바리탕수육 (소)12,000원, (중)18,000원
영업시간 11:00~15:00, 17:30~21:30
휴무일 연중무휴, 구정, 추석 전일/당일

성송반점
[고창]

기본 정보

주소 전라북도 고창군 성송면 용암길 14-9
전화 063-561-5331

메뉴&시간

짬뽕 6,000원, 짜장면 4,500원,
잡탕밥 8,000원, 간짜장 6,000원,
탕수육 (중)20,000원, (대)25,000원, 팔보채 22,000원
영업시간 11:00~18:00
휴무일 비정기적(전화 문의)

06

중원
[포천]

기본 정보

주소 경기도 포천시 관인면 창동로 1712
전화 031-533-3359

메뉴&시간

수타짬뽕 7,000원, 수타우동 7,000원,
낙지항아리짬뽕(2인) 17,000원,
수타짜장 5,000원, 수타간짜장 6,500원,
탕수육 (소)15,000원, 사천탕수육 (소)18,000원
영업시간 11:00~20:00
휴무일 매월 격주 월요일(전화 문의)

07

복성루
[군산]

기본 정보

주소 전라북도 군산시 월명로 382
전화 063-445-8412

메뉴&시간

짬뽕 7,000원, 짜장면 5,000원,
우동 7,000원, 간짜장 7,000원,
탕수육 20,000원, 잡채 13,000원
영업시간 10:00~16:00
휴무일 매주 일요일, 신정, 구정, 추석 연휴

동해원
[공주]

기본 정보

주소 충남 공주시 납다리길 22
전화 041-852-3624

메뉴&시간

짬뽕 7,000원, 짬뽕밥 7,000원,
짜장면 6,000원, 짜장밥 7,000원,
탕수육 13,000원
영업시간 11:00~15:00
휴무일 신정, 구정, 추석 연휴

전국대전

가성비 리조트 전국대전

간단한 요리까지 가능하다면 금상첨화이고 부담스럽지 않은 가격까지 갖춘 숙박시설을 찾는 분들에게 지주여가 여러분의 고민을 해결해 드리도록 하겠습니다. 저희가 소개하는 리조트는 바로 가족 여행객들에게 최상의 선택이 될 것이라 생각합니다.

'가성비 리조트 전국대전'의 추천 우선순위는 이미 가 보신 분들의 경험에 따라 친절도, 청결도에 차이가 있을 수 있으나 아래 언급한 부분을 우선적으로 고려하여 선정하였습니다.

1. 가성비가 좋은 리조트(가격과 퀄리티를 비교한 것으로 여름 극성수기 가격을 함께 고려함)

2. 회원 여부 상관없이 예약이 가능하며 주변으로 볼거리, 먹거리가 충분한 곳

3. 부대시설, 워터파크, 수영장 기타 스파시설을 최대한 갖추고 있는 곳

4. 거리 및 지역적 안배 고려

01

STX리조트

기본 정보

주소 경상북도 문경시 농암면 청화로 509
전화 예약 054-460-5221~2, 054-460-5000

요금&시간

입실 14:00, 퇴실 11:00,
추가 인원 15,000원(36개월 이상)
[조식] 성인 18,000원, 소인 12,000원
[스파] 성인 15,000원, 소인 10,000원
[디럭스, 27평, 기준 2인+1인]
주중 94,000원, 주말 149,000원
[스위트, 41평, 기준 4인+2인]
주중 145,000원, 주말 199,000원
(주중 일요일~목요일, 주말 금요일/토요일)
*세금, 봉사료 포함

02

Y리조트
제주

기본 정보

주소 제주특별자치도 서귀포시 안덕면 화순중앙로124번길 75
전화 064-794-7007

요금&시간

입실 15:00, 퇴실 12:00,
추가 인원 20,000원,
[조식] (5월~9월) 07:30~10:00, (10월~4월) 08:00~10:00,
성인 15,000원, 소인 10,000원
[Y 디럭스, 2인+1인, 2인 조식 포함]
주중 142,000원, 주말 171,000원
[Y 패밀리스위트, 4인, 2인 조식 포함]
주중 189,000원, 주말 218,000원
[Y 허니문스위트, 2인+2인, 2인 조식 포함]
주중 204,000원, 주말 239,000원
[Y 스파 코너 스위트, 4인+2인, 4인 조식 포함]
주중 289,000원, 주말 334,000원
(주중 일요일~목요일, 주말 금요일/토요일)
*세금, 봉사료 포함

담양리조트

기본 정보

주소 전라남도 담양군 금성면 금성산성길 202
전화 061-380-5000

요금&시간

입실 14:00, 퇴실 11:30
[스탠더드(한실, 양실)]
(비수기) 주중 131,000원, 주말 157,000원,
(성수기) 주중 157,000원, 주말 174,900원
[디럭스(한실)]
(비수기) 주중 222,000원, 주말 267,000원,
(성수기) 주중 267,000원, 주말 297,000원
[디럭스(양실)]
(비수기) 주중 264,000원, 주말 316,000원,
(성수기) 주중 316,000원, 주말 352,000원
*세금, 봉사료 포함
양실 스탠더드 3인, 한실 스탠더드 4인,
한실 디럭스 6인: 온천 무료 이용권 제공
온천 이용 시간 06:30~21:00, 대인 8,000원, 소인 6,000원
수영장 이용 시간 09:00~19:00(6월~9월 운영)
온천+수영장 대인 13,000원, 소인 11,000원

금호충무
마리나
리조트

기본 정보

주소 경상남도 통영시 큰발개1길 33 금호충무마리나콘도
전화 055-643-8000, 055-646-7001

요금&시간

입실 14:00, 퇴실 12:00(주말/성수기 11:00),
추가 인원 5,000원,
바다 전망 추가 요금 10,000원
[패밀리, 16평, 4인]
평일 92,400원, 금요일 139,700원, 주말 184,800원
[패밀리디럭스, 16평, 4인]
평일 114,400원, 금요일 161,700원, 주말 206,600원
[스위트, 27평, 5인]
평일 125,400원, 금요일 194,700원, 주말 250,000원
[디럭스 스위트, 27평, 5인]
평일 158,400원, 금요일 227,700원, 주말 283,000원
*세금, 봉사료 포함

05

영랑호리조트

기본 정보
주소 강원도 속초시 영랑호반길 140
전화 033-633-0001

요금&시간
입실 14:00, 퇴실 11:00,
추가 인원 5,000원
[스탠더드A, 타워콘도, 18평, 5인]
주중 70,000원, 금요일 90,000원, 토요일 117,000원
[스탠더드B, 타워콘도, 20평, 5인]
주중 81,000원, 금요일 102,000원, 토요일 124,000원

영랑호리조트

06

동강시스타

주소 강원도 영월군 영월읍 사지막길 160
전화 033-905-2700~3

요금&시간
입실 15:00, 퇴실 11:00,
추가 인원 20,000원,
조식 15,000원(현장 결제)
[패밀리형, 24평, 기본 4인+2인, 2인 조식 포함]
주중 85,500원, 주말 143,600원
[디럭스형, 33평, 기본 5인+2인, 2인 조식 포함]
주중 115,100원, 주말 178,900원
[스위트형, 39평, 기본 6인+2인, 2인 조식 포함]
주중 145,900원, 주말 215,400원
(주중 일요일~목요일, 주말 금요일/토요일)
*세금, 봉사료 포함

07

문경새재
리조트

기본 정보

기본 정보

주소 경상북도 문경시 문경읍 웰빙타운길 7–12
전화 054–572–5100

요금&시간
입실 15:00(14:00 성수기), 퇴실 11:00,
추가 인원 15,000원,
침구 추가 10,000원
[패밀리형, 27평, 기본 4인+2인]
주중 93,500원, 주말 148,500원
[스위트형, 42평, 기본 6인+2인]
주중 154,000원, 주말 242,000원
(주중 일요일~목요일, 주말 금요일/토요일)
*세금, 봉사료 포함

요금&시간
입실 15:00(14:00 성수기), 퇴실 11:00,
추가 인원 15,000원,
침구 추가 10,000원

08

비체팰리스

기본 정보
주소 충청남도 보령시 웅천읍 열린바다1길 78
전화 041-939-5757

요금&시간
입실 14:00, 퇴실 11:00,
추가 인원 5,000원,
침구 추가 요금 10,000원
[27평형, 4인, 바다 전망]
평일 133,000원, 주말 187,000원
[36평형, 6인, 바다 전망]
평일 178,000원, 주말 264,000원
(평일 일요일~목요일, 주말 금요일/토요일)
*세금, 봉사료 포함

09

블루원리조트

기본 정보

주소 경상북도 경주시 천군동 보불로 391
전화 1899-1888, 054-778-9000

요금&시간

입실 15:00, 퇴실 11:00,
침구 추가 20,000원,
추가 인원 15,000원(초등학생부터)
[패밀리, 36평, 5인+2인, 2인 조식 포함]
주중 170,000원, 금요일 240,000원, 토요일 320,000원
[프라이빗, 45평, 6인+2인, 2인 조식 포함]
주중 245,000원, 금요일 310,000원, 토요일 405,000원
*세금, 봉사료 포함

10

대명리조트 거제

기본 정보

주소 경상남도 거제시 일운면 거제대로 2660
전화 1588-4888

요금&시간

입실 14:00(성수기 15:00), 퇴실 12:00(성수기 11:00),
추가 인원 5,500원
[패밀리, 23평, 취사형 or 클린형, 4인 기준]
주중 176,000원, 금요일 181,000원, 토요일 226.000원
[스위트, 32평, 방 2+거실 1+욕실 2, 5인 기준]
주중 201,000원, 금요일 211,000원, 토요일 257,000원
*세금, 봉사료 포함

가성비 호텔
전국대전

1 히든베이호텔 [여수]

2 스위트호텔 남원 [남원]

3 메이플비치 호텔 [정동진]

4 호텔머드린 [대천]

5 홀리데이인 광주호텔 [광주광역시]

6 힐튼경주 [경주]

7 빌라드애월 [제주도]

8 하이원리조트 컨벤션호텔 [정선]

9 리첼호텔 [안동]

10 건오씨클라우드호텔 [부산]

여행을 떠날 때 가장 많이 고민되며 가장 큰 비용을 차지하는 것이 호텔에 관한 것입니다. 호텔을 정할 때 고민의 중심에 있는 것은 다름 아닌 가성비라는 항목이죠? 시설 좋고 좋은 환경까지는 몰라도 가격 대비 만족도까지 높기는 사실 호텔에서 가장 어려운 조건인 반면 여행객들에게는 가장 중요한 문제입니다.

호텔은 가성비가 좋아 보이기 위해 갖은 노력을 다하고 고객들은 그 허점을 찾아내 최선의 선택을 하려고 합니다. 왜냐하면 호텔 선정이 바로 목적지 선정을 의미할 때도 있으니까요.

이번에는 호텔이라는 여행의 핵심 테마에서도 가성비만을 중심으로 전국대전을 펼쳐 보았습니다. 선정 기준은 아무리 가격이 낮아도 호텔의 퀄리티를 포기할 수 없는 바 특1급호텔을 중심으로 하여 가격이 평균 15만 원 정도에 형성되어 있는 곳을 기준으로 하였습니다. 더하여 입지, 청결도, 가족 여행객 시설 만족도, 부대시설+친절도 그리고 다양한 프로그램까지가 순위의 기준입니다.

히든베이호텔

기본 정보

주소 전라남도 여수시 신월로 496-25
전화 061-680-3000

요금&시간

입실 15:00, 퇴실 12:00,
침구 추가 22,000원, 엑스트라 베드 33,000원
[조식] 06:00~10:00, 성인 22,000원,
5세~초등학생 11,000원
[디럭스 더블, 오션뷰, 2인]
일요일~목요일 138,540원, 금요일 156,090원,
토요일 194,810원
[디럭스 온돌베드, 오션뷰, 2인+1인]
일요일~목요일 138,540원, 금요일 156,090원,
토요일 194,810원
[패밀리 트윈, 오션뷰, 4인]
일요일~목요일 211,140원, 금요일 228,690원,
토요일 267,410원
*세금, 봉사료 포함

스위트호텔 남원

기본 정보

주소 전라북도 남원시 주천면 원천로 217
전화 063-630-7100

요금&시간

입실 15:00, 퇴실 11:00,
침구 추가 18,000원, 22,000원(현장 결제),
[조식] 월요일~금요일(한식) 13,000원,
토요일/일요일/공휴일(뷔페) 19,000원,
현장 결제 21,000원,
만 49개월~만 10세 12,000원

[디럭스 트윈, 14평, 3인]
일요일~목요일 137,450원,
금요일 143,020원, 토요일 159,470원
[디럭스 온돌, 14평, 3인+1인]
일요일~목요일 137,450원,
금요일 143,020원, 토요일 159,470원
[코너 스위트룸, 33평, 2인+1인, 2인 조식]
일요일~목요일 281,560원,
금요일 303,580원, 토요일 371,830원
*세금, 봉사료 포함

메이플비치 호텔

기본 정보

주소 강원도 강릉시 강동면 염전길 255
전화 033-823-2000, 예약 문의 033-823-2323

요금&시간

입실 14:00, 퇴실 11:00,
추가 인원 30,000원(침구류 포함),
[조식] 08:00~11:00,
성인 15,000원, 36개월 이상~미취학 아동 7,000원
[스탠더드 트윈, 17평, 2인]
주중 92,000원, 주말 119,000원
[스탠더드 온돌, 17평, 4인]
주중 132,000원, 주말 159,000원
[디럭스 자쿠지, 19평, 2인]
주중 118,000원, 주말 146,000원
[패밀리, 41평, 4인+1인]
주중 184,000원, 주말 239,000원
*세금, 봉사료 포함

04

호텔머드린

기본 정보

주소 충청남도 보령시 해수욕장8길 28
전화 041-934-1111

요금&시간

입실 14:00(성수기 15:00),
퇴실 12:00(성수기 11:00),
침구 추가 22,000원
[조식] 07:00~10:00,
월요일~토요일(한식 or ABF) 14,300원,
일요일(뷔페) 성인 15,000원, 소인 10,000원
[스탠더드 트윈, 3인, 더블+싱글]
주중 127,650원, 주말 157,300원
[디럭스 트윈, 3인, 더블+싱글]
주중 163,950원, 주말 205,700원
[머드 스위트, 4인, 오션뷰]
주중 297,050원, 주말 363,000원
*세금, 봉사료 포함

홀리데이인 광주호텔

기본 정보

주소 광주광역시 서구 상무누리로 55

전화 062-610-7000

요금&시간

입실 14:00, 퇴실 12:00,

추가 인원 36,300원(엑스트라 베드+1인 조식),

[조식] 06:00~10:00, 24,200원

[슈페리어, 2인, 2인 조식]

평일 186,940원, 주말 186,940원

*세금, 봉사료 포함

힐튼경주

기본 정보

주소 경상북도 경주시 보문로 484-7
전화 054-745-7788

요금&시간

입실 14:00, 퇴실 12:00
[추가 요금] 호수 전망 30,000원,
패밀리 트윈 객실 50,000원, 엑스트라 베드 40,000원,
[조식] 06:30~10:30, 성인 33,000원,
소인(만 4세~초등학생) 21,000원
[디럭스 더블, 2인]
주중 187,550원, 주말 248,050원
[디럭스 트윈, 2인 호수 전망]
주중 217,550원, 주말 278,050원
[패밀리 트윈, 4인]
주중 242,000원, 주말 302,500원
*세금, 봉사료 포함

빌라드애월

기본 정보
주소 제주특별자치도 제주시 애월읍 애월해안로 516-7
전화 064-720-9000

요금&시간
입실 15:00, 퇴실 11:00
[추가 인원(디럭스 트윈, 주니어 스위트 예약 시)]
36개월 이상~13세 10,000원, 14세 이상 15,000원,
침구 추가 10,000원
[조식] 36개월 이상 10,000원, 중학생 이상 15,000원,
07:00~09:30(조식 추가 현장만 가능)
[디럭스 더블, 2인, 2인 조식, 욕조/거실 없는 객실]
주중 135,520원, 주말 163,350원
[디럭스 트윈, 2인+2인, 2인 조식, 욕조 있는 원룸 객실]
주중 154,880원, 주말 185,130원
[애월 스위트, 4인+2인, 4인 조식, 욕조 없는 투룸 객실]
주중 252,890원, 주말 303,710원
[풀빌라 65평, 4인+2인, 4인 조식]
주중 349,690원, 주말 575,950원
*세금, 봉사료 포함

08

하이원리조트 컨벤션호텔

주소 강원도 정선군 사북읍 하이원길 265
전화 1588-7789

요금&시간

입실 15:00, 퇴실 11:00,
침구 추가 24,200원,
[조식] (더 그릴 뷔페) 성인 32,000원, 소인 18,000원
[슈페리어, 더블/트윈, 2인, 조식 불포함]
주중 108,900원, 주말 169,400원
[슈페리어, 온돌더블, 2인+2인, 조식 불포함]
주중 137,940원, 주말 198,440원
[슈페리어, 트리플(더블+싱글), 2인+1인, 조식 불포함]
주중 128,260원, 주말 188,760원
*세금, 봉사료 포함

09

리첼호텔

기본 정보

주소 경상북도 안동시 관광단지로 346-69
전화 054-850-9700

요금&시간

입실 15:00, 퇴실 12:00, 추가 인원 15,000원
[조식] 07:00~09:00, 12,000원
[스탠더드 더블, 8평, 기본 2인+1인, 2인 조식]
주중 101,640원, 주말 130,680원
[스탠더드 온돌, 8평, 기본 2인+2인, 2인 조식)
주중 101,640원, 주말 130,680원
[디럭스 트윈/더블, 22평, 기본 2인+2인, 2인 조식]
주중 140,360원, 주말 180,290원
*세금, 봉사료 포함

10

건오
씨클라우드
호텔

기본 정보

주소 부산광역시 해운대구 해운대해변로 287
전화 051-933-4300

요금&시간

입실 14:00(주말 15:00),
체크인 6층 아트리움프론트 17호 이용,
퇴실 12:00(주말 11:00), 추가 인원 22,000원
[조식] 06:30~10:00,
성인 14,300원, 소아(36개월~13세) 7,700원,
2층 VIPS 이용
[슈페리어, 12평, 더블/트윈,
바다 전망, 2인+1인, 조식 불포함]
주중 133,100원, 주말 254,100원
[디럭스, 15평, 더블/트윈,
바다 전망, 2인+1인, 조식 불포함]
주중 169,400원, 주말 290,400원
*세금, 봉사료 포함
*모든 호텔 계절에 따라 가격 변동

경관지 정자
전국대전

휴가를 떠나면 어떤 곳을 가장 먼저 찾을 계획이신가요? 이번에는 보다 특별한 것을 찾는 휴가 계획을 세워 보는 것은 어떨까요? 바로 자기 자신을 찾는 시간을 가져보는 거죠.

휴가라 하면 자연스럽게 바다나 산을 찾게 되지만 막상 하루를 보내고 나면 무엇을 해야 할지 막연하고 지루해하시는 분들이 많을 것입니다. 그럴 때는 주변으로 차분하게 걸음을 옮기며 생각의 시간을 가질 만한 장소를 찾아 보십시오. 적합한 곳으로 전국에서 이름 높기로 유명한 정자들을 소개해 드리려고 합니다.

고성의 청간정, 울진 망양정, 동해 북평해암정은 바다 경관이 무척이나 빼어난 곳에 위치하고 있으며, 강릉 경포대는 드넓은 경포호수를 배경으로, 삼척 죽서루는 오십천 절벽 위에 세워져 있어 한 폭의 그림을 연상케 합니다. 자, 그럼 해변에서의 물놀이와 함께 마음을 달랠 수 있는 경관지인 정자를 찾아가 보겠습니다.

01

경포대

주소 강원도 강릉시 경포로 365
전화 강릉시 종합관광안내소 033-640-4414, 033-1330

요금&시간
관람 시간 24시간
휴무일 연중무휴
입장료 무료
주차료 무료
경포대와 경포호 명승 제108호

02

청간정

기본 정보
주소 강원도 고성군 토성면 동해대로 5110
전화 고성군청 관광문화체육과 033-680-3363

요금&시간
관람 시간 24시간
휴무일 연중무휴
입장료 무료
주차료 무료
청간정 강원유형문화재 제32호

망양정

기본 정보

주소 경상북도 울진군 근남면 망양정로(산포리 716-1)
전화 울진군청 문화관광과 054-789-6921

요금&시간

관람 시간 06:00~20:00
휴무일 연중무휴
입장료 무료
주차료 무료

04

북평해암정

기본 정보

주소 강원도 동해시 촛대바위길 19(추암동 474-5)
전화 동해시청 문화체육과 033-530-2442

요금&시간

관람 시간 24시간
휴무일 연중무휴
입장료 무료
주차료 무료
북평해암정 강원유형문화재 제63호

05

죽서루

기본 정보

주소 강원도 삼척시 죽서루길 37
전화 033-570-3670

요금&시간

관람 시간 09:00~17:30
입장 마감 17:00까지
휴관일 연중무휴
관람료 무료
주차료 무료
죽서루 보물 제213호
죽서루와 오십천 명승 제28호

경주 워터파크
대전

워터파크 여행 하면 어디를 가장 먼저 생각하시나요? 이번에는 수준 높은 문화재와 더불어 무려 4곳의 워터파크가 모여 있는 경주로 독특한 여행을 떠나 보겠습니다.

경주 하면 어릴 적 수학여행을 다녀왔던 그 시절의 경주를 떠올리시나요? 지금의 경주는 전국에서도 유례를 찾기 힘든, 10분 이내의 거리에 무려 4곳의 워터파크가 모여 있는 진정한 여름의 도시가 되어 있답니다.

올해에는 경주에서 아이들과 함께 신라 문화 탐험과 워터파크에서의 물놀이를 즐겨 보시는 것을 추천합니다. 바다가 보고 싶은 분들은 감은사지를 거쳐 봉길대왕암해변이나 오류고아라해변을 찾으시기 바라며, 절경지가 그리운 분들은 양남 주상절리를 찾는 것을 여행 일정에 넣으시기 바랍니다.

01

캘리포니아 비치

기본 정보
주소 경상북도 경주시 보문로 544
전화 054-745-7711

요금&시간

이용 시간(2015년 9월 기준)
[하이 시즌(6월 6일~7월 17일)] 주중 08:50~18:00,
주말 08:50~19:00
[골드 시즌(7월 18일~8월 16일)] 08:50~20:30

하이 시즌 이용 요금

[종일권] (주중) 대인 42,000원, 소인 30,000원,
[종일권] (주말) 대인 52,000원, 소인 37,000원

골드 시즌 이용 요금

[종일권] 대인 68,000원, 소인 47,000원
[오후권] 대인 55,000원, 소인 39,000원
*특별우대 프로그램 20~30% 할인

블루원
워터파크

기본 정보

주소 경상북도 경주시 보불로 391
전화 1899-1888

요금&시간

이용 시간(2015년 9월 18일 기준)
하이 시즌(2015년 8월 17일~9월 29일)
[주중(10:00~18:30)] 대인 45,000원, 소인 36,000원
[주말(09:30~19:00)] 대인 56,000원, 소인 45,000원
골드 시즌(7월 18일~8월 16일)
[종일권(08:00~21:00)] 대인 74,000원, 소인 58,000원
[오후권(15:00~21:00)] 대인 60,000원, 소인 47,000원
[30% 할인] 블루원콘도 투숙객, 군인/경찰/소방관,
장애인, 국가유공자, 학생

03

아쿠아월드 경주

기본 정보
주소 경상북도 경주시 보문로 402-12
전화 1588-4888

요금&시간
이용 시간(2015년 9월 18일 기준)

아쿠아 실내
하이 시즌(8월 24일~10월 11일)
주중 10:00~18:00, 토요일 09:00~20:00,
금요일/일요일 09:00~19:00
[종일권] 대인 36,000원, 소인 31,000원
[오후권] 대인 31,000원, 소인 26,000원
로우 시즌(10월 12일~12월 18일)
주중 10:00~18:00, 토요일 09:00~20:00,
일요일 09:00~19:00
[종일권] 대인 33,000원, 소인 28,000원
[오후권] 대인 28,000원, 소인 23,000원

04 경주 스프링돔

기본 정보

주소 경상북도 경주시 보문로 182-27
전화 054-777-8300

요금&시간

이용 시간(2015년 9월 18일 기준)
비수기(2015년 8월 24일~12월 18일)
[종일권] 월요일~금요일 10:00~18:00,
토요일 09:00~20:00, 일요일 09:00~18:00
[오후권] 월요일~금요일 13:00~18:00,
토요일 15:00~20:00, 일요일 13:00~18:00
[종일권] (주중) 대인 31,000원, 소인 26,000원,
(주말) 대인 36,000원, 소인 31,000원
[오후권] (주중) 대인 26,000원, 소인 21,000원,
(주말) 대인 31,000원, 소인 26,000원

막국수집
전국대전

여행지에서 자주 찾게 되는 음식 중 하나가 바로 막국수입니다. 이번에는 지주여가 소개한 막국수집과 주변 볼거리를 묶어 여행을 떠나 보도록 하겠습니다. 전국에서도 막국수 하면 춘천, 봉평을 첫손가락으로 꼽을 것입니다. 지주여만의 체크포인트는 막국수의 맛과 더불어 수육도 중요하게 고려하였으며, 실내 분위기, 깔끔함, 규모, 접근성, 마지막으로 관광지로서의 입지 등도 함께 고려하여 점수를 매겼습니다.

막국수는 크게 면과 국물에서 특징과 맛이 결정됩니다. 면은 메밀면에서 메밀의 배합 비율 차이로 각 식당마다 특징이 있으나, 그곳만의 색이 완전히 드러나지는 않습니다. 막국수의 핵심은 국물입니다. 막국수의 국물은 크게 깔끔한 동치미 국물을 베이스로 하는 곳들과 양념장이 들어가는 국물을 베이스로 하는 곳들로 나눌 수 있습니다.

장원막국수, 현대막국수, 샘밭막국수, 하조대막국수는 새콤한 양념국물이 베이스이며, 삼교리동치미막국수, 중원탑막국수, 화진포박포수가든은 동치미 베이스 막국수입니다. 일반적으로 새콤하거나 양념장이 들어가는 스타일의 막국수는 수육과 함께 싸 먹는 것이 맛에 부드러움을 가져다주며, 동치미국물 막국수는 국물 맛 자체가 막국수 전체를 휘어 감기 때문에 수육을 따로 먹거나 국수에 살짝 김치만 감싸 먹습니다.

01

장원막국수

기본 정보
주소 충청남도 부여군 부여읍 나루터로62번길 20
전화 041-835-6561

메뉴&시간
메밀막국수 6,000원, 편육 16,000원
영업시간 11:00~17:00
휴무일 구정, 추석 연휴

02

현대막국수

기본 정보
주소 강원도 평창군 봉평면 동이장터길 17
전화 033-335-0314

메뉴&시간
메밀물막국수 6,000원, 메밀비빔국수 7,000원,
수육 20,000원, 메밀전병 6,000원,
메밀부침 5,000원, 메밀묵사발 6,000원
영업시간 09:00~21:00
휴무일 연중무휴

03

삼교리동치미
막국수 남항진점

기본 정보

주소 강원도 강릉시 공항길127번길 42
전화 033-653-0993

메뉴&시간

막국수 7,000원, 사리 3,000원,
수육 (소)23,000원 (대)29,000원
영업시간 09:30〜21:00
휴무일 구정, 추석 전일/당일

04

샘밭막국수

기본 정보

주소 강원도 춘천시 신북읍 신샘밭로 644
전화 033-242-1712

메뉴&시간

막국수 6,000원, 편육 13,000원,
보쌈 25,000원, 감자전 5,000원
영업시간 10:00〜21:00
휴무일 구정, 추석 연휴

05

중앙탑막국수

기본 정보

주소 충청북도 충주시 중앙탑면 중앙탑길 109
전화 043-846-5508, 010-5656-4220

메뉴&시간

메밀막국수 6,000원, (곱빼기) 7,000원,
메밀왕만두 5,000원, 메밀부추전 7,000원,
메밀싹수육 15,000원, 메밀후라이드 15,000원
영업시간 11:00~21:00
휴무일 구정, 추석 당일

06

화진포
박포수가든

기본 정보

주소 강원도 고성군 현내면 화진포서길 76
전화 033-682-4856

메뉴&시간

막국수 7,000원, (곱빼기) 8,000원,
수육보쌈 20,000원, 메밀왕만둣국 8,000원,
명태식혜 3,000원, 메밀왕만두 6,000원
영업시간 10:00~20:00
휴무일 구정, 추석 당일

07 하조대막국수

기본 정보
주소 강원도 양양군 현북면 하조대2길 23
전화 033-672-0089

메뉴&시간
비빔막국수 7,000원, 물막국수 7,000원,
왕만두 7,000원, 만둣국 7,000원,
한방수육 (중)15,000원, (대)20,000원,
어린이막국수 4,000원, 메밀전 6,000원
영업시간 09:00~21:00
휴무일 연중무휴

전국 한우대전
[정육식당]

국내여행 전국구 먹거리의 양대산맥은 아마도 한우와 한정식일 듯합니다. 한정식과 한우는 여행을 떠나지 않아도 먹을 수 있지만 여행지에서도 먹거리로 많이 선택되는 이유는 무엇보다 가격 대비 만족도 때문일 것입니다. 서울 및 대도시에서 한우를 먹으려고 하면 2~3인이 수십만 원을 지불해야 맛볼 수 있는데, 그마저도 퀄리티가 떨어지는 경우가 많습니다. 특히, 한우의 경우는 유통비를 비롯한 다양한 비용이 음식 값에 포함되기 때문에 가격이 기하급수적으로 올라가며, 퀄리티가 높지 않을 가능성도 함께 생깁니다. 때문에 여행 중에 지방에서는 좀 더 값싸게 먹을 수 있지 않을까 하는 생각이 분명 들 것입니다. 그렇다고 지방 한우 고기집들이 모두 거품을 확 빼 놓고 있지는 않습니다. 잘못 찾아 들어갔다가는 대도시보다 더 비싼 값을 치러야 하는 경우도 있습니다. 그래서 지주여는 전국 한우 대전을 준비하여 정육식당을 중심으로 추천할 만한 식당들을 뽑아 보았습니다.

정육식당 하면 왠지 조금은 청결하지 못하고 불친절할 것으로 생각하시는 분들이 있는데, 이번에 소개하는 곳들은 모두다 가격 대비 높은 만족도와 함께 실내도 깔끔한 곳들입니다. 여행지에서 만나는 식당의 가장 중요한 조건이 청결입니다. 앞으로는 여행할 때 먹거리로 고민하지 말고 전국구 먹거리 한우를 마음껏 편하게 맛보시기 바랍니다.

01

앙성농협 참한우마을
[충주]

기본 정보
주소 충청북도 충주시 앙성면 가곡로 1512
전화 043-855-5808

메뉴&시간
갈비살(100g) 11,000원, 살치살(100g) 11,000원,
안창살(100g) 14,000원, 토시살(100g) 14,000원,
등심(100g) 10,000원, 업진살(100g) 9,000원,
상차림(1인) 4,000원
*시세에 따라 가격 변동
영업시간 08:40~21:00
휴무일 구정, 추석 당일

02

보물섬 남해
한우프라자
[남해]

기본 정보
주소 경상남도 남해군 남해읍 스포츠로 34
전화 055-863-9292

메뉴&시간
채끝(1+, 100g) 14,000원, 갈비살(1++,100g) 20,000원,
특수부위(100g) 15,000원, 특수등심(1++, 100g) 15,000원,
일반등심(1+, 100g) 13,000원, 육회(대, 250g) 23,000원
*시세에 따라 가격 변동
영업시간 11:30~21:30 **휴무일** 구정, 추석 당일

03 구드래 한우타운
[부여]

기본 정보

주소 충청남도 부여군 부여읍 나루터로 25
전화 041-832-1122, 041-832-1133

메뉴&시간

갈비살(600g) 68,000원, 생갈비(600g) 68,000원,
특수부위모둠(600g) 43,000원,
한우등심(600g) 48,000원, 육회(500g) 28,000원,
후식냉면 4,000원, 한우차돌박이된장찌개 7,000원,
육회비빔밥 7,000원, 공기밥 1,000원,
기본 상차림 2,000원
*시세에 따라 가격 변동
영업시간 10:00~22:00
휴무일 비정기적(전화 문의)

04 위촌리전통한우
[강릉]

기본 정보

주소 강원도 강릉시 성산면 소목길 196
전화 033-643-6928, 010-4758-6168

메뉴&시간

모둠A (600g) 59,000원,
모둠B (400g)+육회(200g) 54,000원,
육회(200g) 20,000원, 살치살(200g) 30,000원,
초맛살(200g) 30,000원, 갈비살(200g) 25,000원
영업시간 11:00~22:00
휴무일 매주 월요일

05

대관령한우타운
[평창]

기본 정보
주소 강원도 평창군 대관령면 올림픽로 38
전화 033-336-2150, 예약 033-332-0001

메뉴&시간
등심(1++,100g) 11,000원,
안심(1++,100g) 11,000원,
차돌박이(1++,100g) 9,900원,
상차림(대인) 4,000원, (소인) 2,000원
*시세에 따라 가격 변동
영업시간 11:30~21:30
휴무일 구정, 추석 당일

06

영월동강한우타운
[영월]

기본 정보
주소 강원도 영월군 영월읍 하송안길 65
전화 033-372-1550, 033-372-1552

메뉴&시간
초맛살(100g) 9,000원, 차돌박이(100g) 6,500원,
등심(100g) 7,700원, 갈비늑간살(100g) 11,000원,
채끝(100g) 7,400원, 모둠구이(100g) 9,000원,
상차림(대인) 4,000원, (소인) 2,000원
*시세에 따라 가격 변동
영업시간 10:00~22:00
휴무일 연중무휴

07

문경약돌한우타운
[문경]

기본 정보

주소 경상북도 문경시 문경읍 문경대로 2426
전화 1588-9075

메뉴&시간

명품약돌모둠(100g) 35,000원, 꽃등심(100g) 24,000원,
등심(100g) 18,000원, 갈비살(100g) 20,000원,
육회비빔밥 12,000원
영업시간 10:00~22:00
휴무일 연중무휴

08

보문한우
[경주]

기본 정보

주소 경상북도 경주시 엑스포로 9(신평동 220)
전화 054-776-9200

메뉴&시간

갈비살(1+,100g) 11,000원, 초맛살(1+,100g) 13,000원,
살치살(1+,100g) 13,000원, 꽃등심(1+,100g) 10,000원,
상차림(성인) 5,000원, (초등학생) 2,000원,
한우육회(한 접시) 20,000원,
냉면 5,000원, 된장찌개 1,000원
*시세에 따라 가격 변동
영업시간 10:00~22:00
휴무일 연중무휴(구정, 추석 당일 16:00 영업 시작)

아이들 체험 여행지

아이들
체험 학습
장소 5선

방학을 맞이하게 될 아이들과 함께 어디로 체험 학습을 떠나야 할지 고민되시는 부모님들을 위하여 준비했습니다. 아이들을 위한 최고의 체험 학습 장소가 있는 동시에 여행지로도 손색이 없는 도시를 소개하려고 합니다.

아이들을 위한 체험 여행이라면 재미난 역사 이야기와 눈으로만 보는 것이 아니라 실제 피부로 느끼고 경험해 볼 수 있는 프로그램을 운영하는 장소를 찾는 것이 무엇보다 중요합니다. 거기다 뛰어놀 수 있는 넓은 공간, 깨끗한 자연까지 함께한다면 더욱 좋겠죠. 이번에 소개하는 장소들은 모두 체험 프로그램을 운영 중인 곳들로, 실제 찾아가 보고 경험한 곳들로만 선정하였습니다.

01

청계목장

기본 정보
주소 경기도 용인시 처인구 백암면 청계로104번길 20
전화 031-322-5200, 010-9139-0100
요금&시간
체험 시간 10:10~14:30
휴무일 연중무휴
체험료 대인(취학 이상~성인) 25,000원,
소인(미취학 아동) 20,000원, 24개월 미만 무료
주차료 무료

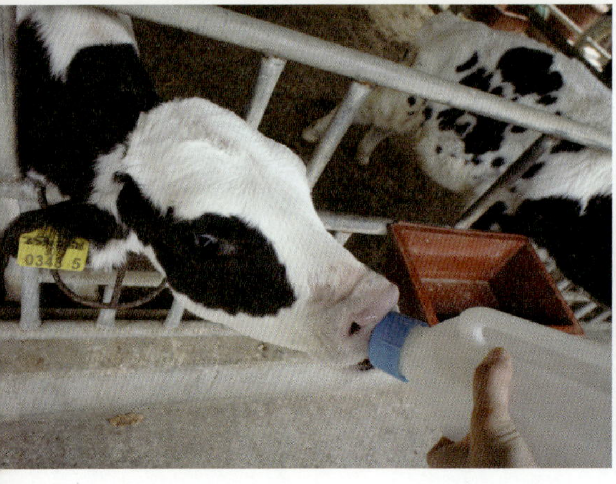

목장 체험 프로그램

1. 트랙터 타기
2. 송아지 우유 주기
3. 엄마소 우유 짜기
4. 동물농장
5. 아이스크림 만들기
6. 치즈 만들기
7. 건초 주기

체험 운영 안내

10:10 목장 도착
10:30 조 편성 및 체험 안내
10:30~12:00 조별 로테이션 체험
12:00 점심시간(개별 도시락 지참)
13:00~14:30 조별 로테이션 체험
14:30 체험 종료 및 자유일정

경기도
어린이박물관

기본 정보

주소 경기도 용인시 기흥구 상갈로 6
전화 031–270–8600

요금&시간

관람 시간 (1월~6월, 9월~12월) 10:00~18:00,
(7월~8월) 10:00~19:00
휴관일 매주 월요일, 신정, 구정, 추석 당일
입장료 12개월 이상 4,000원, 12개월 미만 무료
주차료 09:00~22:00, 22:00 이후 무료 개방
[승용차] 기본 1시간 1,000원,
매 10분마다 200원 추가, 종일 8,000원
[중/대형차] 기본 1시간 2,000원,
매 10분마다 400원 추가, 종일 8,000원

03

가은오픈세트장

기본 정보
주소 경상북도 문경시 가은읍 왕능길 112
전화 054-571-2475

요금&시간
관람 시간 (3월~10월) 09:00~18:00,
(11월~2월) 09:00~17:00
휴무일 신정, 구정, 추석 당일,
매월 1주 월요일 갱도체험관 휴관
입장료 어른 2,000원, 어린이 800원
통합 입장료(석탄박물관+갱도체험관+세트장)
어른 6,000원, 어린이 3,000원,
경로/장애인/유공자 4,000원
주차료 무료
모노레일카 탑승 요금 성인 5,000원, 청소년 4,000원,
어린이 2,500원

전주한지
박물관

기본 정보

주소 전라북도 전주시 덕진구 팔복로 59

전화 063-210-8103

요금&시간

관람 시간 09:00~17:00

입장 마감 폐관 30분 전까지

휴관일 매주 월요일, 신정, 구정, 추석 연휴

관람료 무료

주차료 무료

05 익산보석박물관

기본 정보

주소 전라북도 익산시 왕궁면 호반로 8
전화 063-859-4641

요금&시간

관람 시간 10:00~18:00
휴관일 신정, 매주 월요일
입장 마감 폐관 1시간 전까지
관람료 (단체 20인 이상)
[개인] 성인 3,000원, 청소년/군인 2,000원, 어린이 1,000원
[단체] 성인 2,000원, 청소년/군인 1,500원, 어린이 700원
주차료 무료

초콜릿 만들기 체험(1층 카페)

전화 063-853-1588
체험 시간 10:00~17:00
체험료 10,000원
휴무일 박물관 휴관일

아이들 체험 박물관 7선

가족과 함께 떠나는 여행 컨셉으로 '아이들 체험 박물관'을 소개합니다. 담양, 단양을 제외하고는 가까운 거리에 모두 해수욕장을 끼고 있어 해수욕장으로의 바캉스여행 시 아이들과 함께 찾을 수 있어 더욱 좋습니다. 특히 고창 고인돌박물관은 미슐랭가이드에서 별 3개를 받아 우리나라에서 가 볼 만한 최고의 박물관으로 평가를 받았으며, 보령 석탄박물관은 지하갱도 체험이 여름에 인상적일 것으로 생각됩니다.

남해 유배문학관은 전시품 구성이나 야외 공간 구성이 뛰어나며, 남해의 오랜 역사를 짧은 시간에 느낄 수 있는 소중한 장소입니다. 남해에 가시면 독일마을이나 바다에만 집중하지 말고 아이들과 함께 유배문학관도 찾아가 보시기 바랍니다.

부여에 방문한다면 유네스코 세계문화유산으로 등재된 정림사지와 박물관과 멀지 않은 거리에 있는 무창포 해수욕장도 다녀오시기 바랍니다.

해수욕장보다는 힐링의 시간을 원하시는 분들은 대나무와 가사문학의 고장 담양으로, 계곡을 찾는 분들은 다리안계곡이 있는 단양으로 시원한 여행을 다녀오시기 바랍니다.

01

고인돌박물관
[고창]

기본 정보
주소 전라북도 고창군 고창읍 고인돌공원길 74
전화 063-560-8666

요금&시간
관람 시간 (3월~10월) 09:00~18:00,
(11월~2월) 09:00~17:00
입장 마감 폐장 1시간 전까지
휴관일 신정, 매주 월요일
관람료 (단체 30인 이상)
[개인] 어른 3,000원, 청소년 2,000원, 어린이 1,000원
[단체] 어른 2,400원, 청소년 1,600원, 어린이 600원
주차료 무료

고인돌 탐방열차
운행 시간
(3월~10월) 10:30, 11:30, 13:30~17:30(1시간 간격),
(11월~2월) 10:30, 11:30, 13:30~16:30(1시간 간격)
이용료 어른 1,000원, 청소년 700원, 어린이 500원

02

석탄박물관
[보령]

기본 정보

주소 충청남도 보령시 성주면 성주산로 508
전화 041-934-1902, 041-930-3566

요금&시간

관람 시간 (3월~10월) 09:00~18:00,
(11월~2월) 09:00~17:00
입장 마감 폐관 30분 전까지
휴관일 매주 월요일, 신정, 구정, 추석 연휴,
관공서의 공휴일 다음 날
관람료 (단체 20인 이상)
[개인] 어른 1,500원, 청소년 800원, 어린이 500원
[단체] 어른 1,200원, 청소년 600원, 어린이 400원
[무료] 5세 이하, 65세 이상, 국가유공자, 장애인
주차료 무료

03

유배문학관
[남해]

기본 정보
주소 경상남도 남해군 남해읍 남해대로 2745
전화 055-860-8888

요금&시간
관람 시간 09:00~18:00, (11월~2월) 09:00~17:20
휴관일 매주 월요일, 신정, 구정, 추석 당일
관람료 (단체 20인 이상)
[개인] 성인 2,000원, 청소년 1,500원, 어린이 1,000원
[단체] 성인 1,500원, 청소년 1,000원, 어린이 500원
[무료] 6세 이하, 65세 이상, 장애인
주차료 무료

04

공룡박물관
[해남]

기본 정보
주소 전라남도 해남군 황산면 공룡박물관길 234
전화 061-530-5324

요금&시간
관람 시간 09:00~18:00,
(7월~8월) 토요일, 일요일, 공휴일 1시간 연장 운영
입장 마감 폐장 1시간 전까지
휴관일 매주 월요일, (7월~8월) 매일 개관
관람료 (단체 20인 이상)
[개인] 어른 3,000원, 청소년 2,000원, 어린이 1,500원
[단체] 어른 2,500원, 청소년 1,500원, 어린이 1,000원
[무료] 해남군민, 4세 이하, 65세 이상
주차료 무료
해남 우항리 공룡 · 익룡 · 새발자국화석 산지
천연기념물 제394호

남해유배문학관

05

한국가사
문학관
[담양]

기본 정보

주소 전라남도 담양군 남면 가사문학로 877
전화 061-380-2701~3

요금&시간

관람 시간 하절기 09:00~18:00, 동절기 09:00~17:00
휴관일 연중무휴
관람료 (단체 20인 이상)
[개인] 어른 2,000원, 청소년 1,000원, 어린이 700원
[단체] 어른 1,600원, 청소년 700원, 어린이 500원
주차료 무료

06

수양개 선사유물 전시관 [단양]

기본 정보

주소 충청북도 단양군 적성면 수양개유적로 390

전화 043-423-8502

요금&시간

관람 시간 09:00~18:00

입장 마감 폐관 30분 전까지

휴관일 매주 월요일, 신정, 구정, 추석 당일

관람료

[개인] 대인 2,000원, 청소년 1,000원, 어린이 800원

[단체] 대인 1,500원, 청소년 500원, 어린이 500원

[무료] 6세 이하, 65세 이상

주차료 무료

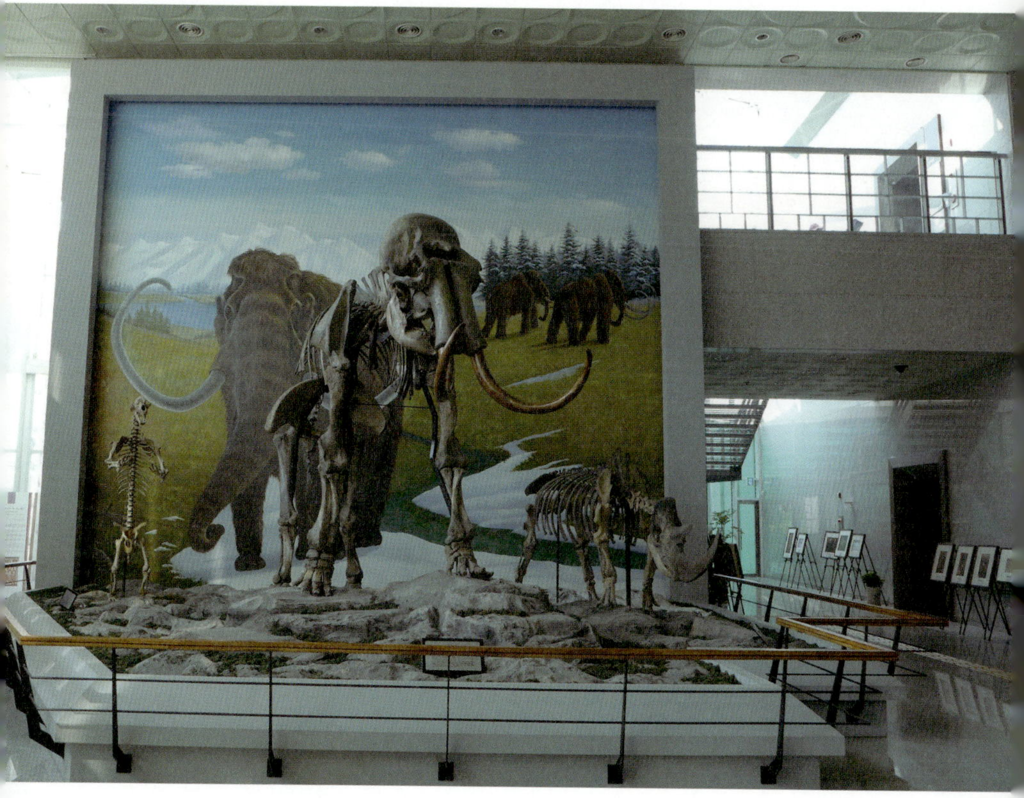

07

정림사지
박물관
[부여]

기본 정보
주소 충청남도 부여군 부여읍 정림로 83
전화 041-832-2721

요금&시간
관람 시간 (3월~10월) 09:00~18:00,
(11월~2월) 09:00~17:00
휴관일 신정, 구정, 추석 연휴
관람료 (단체 30명 이상)
[개인] 어른 1,500원, 청소년 900원, 어린이 700원
[단체] 어른 1,200원, 청소년 700원, 어린이 500원
주차료 무료
정림사지 오층석탑 국보 제9호
정림사지 석조여래좌상 보물 제108호
정림사지 사적 제301호

유네스코 특집

유네스코
세계문화유산
특집

1   불국사+석굴암 [1995년]

2   종묘 [1995년]

3   해인사 장경판전 [1996년]

4   창덕궁 [1997년]

5   수원화성 [1997년]

6   경주 역사유적지구 [2000년]

7   고창+화순+강화 고인돌유적 [2000년]

8   제주 화산섬과 용암동굴 [2007년]

9   조선왕릉 [2009년]

10 한국의 역사마을: 하회와 양동 [2010년]

11 남한산성 [2014년]

답사여행의 꽃은 역시 '유네스코 세계문화유산 투어'라고 할 수 있습니다. 먼저 세계유산에 대한 이야기부터 간단히 해 보겠습니다. 우리나라는 세계문화유산 국가 순위 공동 23위, 기록유산으로는 세계 4위입니다.

유네스코 유산은 크게 3가지 섹션으로 구성됩니다. 바로 우리가 가장 잘 알고 있는 불국사, 종묘 등의 세계문화유산과 인류무형문화유산, 세계기록유산입니다. 이 중에서 세계문화유산은 또 다시 문화유산과 자연유산, 복합유산으로 분류되며 우리나라는 현재 문화유산과 자연유산을 합쳐 12건의 세계문화유산을 보유하고 있습니다. 이 중 마지막으로 등재된 백제역사유적지구는 따로 묶어 소개하겠습니다.

유네스코 세계문화유산 여행은 가족 모두에게 꼭 필요한 여행입니다. 부모님들은 검증된 유산을 통해 고풍스런 분위기를 느끼며 가치 있는 과거로의 여행을 다녀올 수 있고, 아이들에게는 문화 체험 학습을 통하여 우리 문화에 대한 이해도를 높이며 역사와 호흡할 수 있는 기회가 될 것입니다.

불국사

기본 정보

주소 경상북도 경주시 불국로 385

전화 불국사안내소 054-746-4747, 종무소 054-746-9913

요금&시간

관람 시간 (3월~9월) 07:00~18:00, (10월) 07:00~17:30, (11월~1월) 07:30~17:00, (2월) 07:00~17:30

휴무일 연중무휴

입장료 (단체 20인 이상)

[개인] 성인 4,000원, 청소년 3,000원, 어린이 2,000원

[단체] 성인 4,000원, 청소년 2,500원, 어린이 1,500원

주차료 소형 1,000원, 대형 2,000원

경주 불국사 사적 제502호

경주 불국사 다보탑 국보 제20호

경주 불국사 삼층석탑 국보 제21호

경주 불국사 가구식 석축 보물 제1745호

석굴암

기본 정보

주소 경상북도 경주시 불국로 873-243

전화 054-746-9933

요금&시간

관람 시간 07:00~18:00

휴무일 연중무휴

입장료 (단체 20인 이상)

[개인] 성인 4,000원, 청소년 3,000원, 어린이 2,000원

[단체] 성인 4,000원, 청소년 2,500원, 어린이 1,500원

주차료 소형 2,000원, 대형 4,000원

경주 석굴암 석굴 국보 제24호

02

종묘

기본 정보
주소 서울 종로구 종로 157
전화 02-765-0195

요금&시간
일반 관람 시간제 관람(매시간 20분),
주중/일요일(한국어 해설사) 09:20~16:20
자유 관람 (매주 토요일 및 마지막 주 수요일)
(2월~5월, 9월, 10월) 09:00~18:00,
(6월~8월) 09:00~17:30, (11월~1월) 09:00~17:30
휴관일 매주 화요일
관람료 만 25세~64세 1,000원
[무료] 만 24세 이하, 만 65세 이상
서울시설공단 종묘주차장((구)종묘주차장)
종묘 앞 종묘공원 지하 10분당 800원
종묘 사적 제125호
종묘 정전 국보 제227호
종묘 영녕전 보물 제821호

03

해인사
장경판전

기본 정보

주소 경상남도 합천군 가야면 해인사길 122

전화 055-934-3000(종무소), 3140(매표소)

요금&시간

팔만대장경 관람 시간

하절기 08:30~18:00, 동절기 08:30~17:00

입장료 (단체 30인 이상)

[개인] 성인 3,000원, 청소년 1,500원, 어린이 700원

[단체] 성인 2,500원, 청소년 1,000원, 어린이 500원

주차료 소형 4,000원, 대형 6,000원

가야산 해인사 일원 명승 제62호

합천 해인사 사적 제504호

합천 해인사 대장경판 국보 제32호

창덕궁

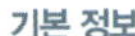

기본 정보

주소 서울 종로구 율곡로 99
전화 02-762-8261, 02-762-9513

요금&시간

관람 시간
(11월~1월) 09:00~17:30,
(2월~5월, 9월,10월) 09:00~18:00,
(6월~8월) 09:00~18:30
매표 마감 폐장 1시간 전까지
휴관일 매주 월요일
관람료 만 25세~64세 3,000원, 단체(10인 이상) 2,400원
[무료] 만 24세 이하, 만 65세 이상
*개별 자유 관람 및 안내 해설 관람 가능

창덕궁 후원 관람

관람 시간 (11월~1월) 09:00~16:30,
(2월) 09:00~17:00,
(3월~5월, 9월~10월) 09:00~17:30,
(6월~8월) 09:00~18:00
매표 마감 폐장 1시간 30분 전까지
관람료 대인 5,000원, 소인 2,500원
창경궁 사적 제122호
창덕궁 낙선재 보물 제1764호
창덕궁 금천교 보물 제1762호

05

수원화성

기본 정보
주소 경기도 수원시 팔달구 정조로 825
(화성행궁)
전화 031-290-3600

요금&시간
관람 시간 (3월~10월) 09:00~18:00,
(11월~2월) 09:00~17:00
입장 마감 폐장 30분 전까지
휴무일 연중무휴
화성 입장료 (단체 20인 이상)
[개인] 어른 1,000원, 청소년/군인 700원,
어린이 500원
[단체] 어른 700원, 청소년/군인 500원,
어린이 300원
[무료] 만 6세 이하, 만 65세 이상

화성행궁 입장료 (단체 20인 이상)
[개인] 어른 1,500원, 청소년/군인 1,000원,
어린이 700원
[단체] 어른 1,200원, 청소년/군인 800원,
어린이 500원
[무료] 만 6세 이하, 만 65세 이상
주차료 승용차 2,000원,
버스 4,000원(3시간 기준),
3시간 초과 시 10분당 200원 추가
수원 화성 사적 제3호
수원 화서문 보물 제403호
수원 화성행궁 사적 제478호
수원 서북공심돈 보물 제1710호

06

경주 역사
유적지구

기본 정보

주소 경상북도 경주시 계림로 9
전화 대릉원 054-772-6317

요금&시간

관람 시간 08:30∼22:00
휴무일 연중무휴
관람료 (단체 30인 이상)
[개인] 성인 2,000원, 청소년 1,200원, 어린이 600원
[단체] 성인 1,600원, 청소년 1,000원, 어린이 500원
주차료 소형 2,000원, 대형 4,000원
대릉원 사적 제512호
천마총 장니 천마도 국보 제207호
천마총 관모 국보 제189호
천마총 금관 국보 제188호

고창＋화순＋강화 고인돌유적

고창 고인돌 유적

주소 전라북도 고창군 고창읍 고인돌공원길 74
전화 고창고인돌박물관 063-560-8666

고창고인돌박물관

관람 시간 (3월~10월) 09:00~18:00,
(11월~2월) 09:00~17:00
휴관일 신정, 매주 월요일
입장료 (단체 30인 이상)
[개인] 어른 3,000원, 청소년 2,000원, 어린이 1,000원
[단체] 어른 2,400원, 청소년 1,600원, 어린이 600원
주차료 무료

강화 고인돌 유적

주소 인천광역시 강화군 하점면 강화대로 994-19
전화 강화역사박물관 032-934-7887

강화역사박물관

관람 시간 09:00~18:00
매표 마감 폐관 시간 30분 전까지
휴관일 매주 월요일, 신정, 구정, 추석 당일
입장료 (단체 30인 이상)
[개인] 어른 1,500원, 청소년/군인/어린이 1,000원
[단체] 어른 1,200원, 청소년/군인/어린이 800원
주차료 무료
강화 부근리 지석묘 사적 제137호

제주
화산섬과
용암동굴

한라산

주소 제주특별자치도 제주시 1100로 2070-61

전화 한라산국립공원 어리목 탐방안내소 064-713-9950~3

요금&시간

입장료 무료

주차료 이륜차 500원, 경차(1,000cc 이하) 1,000원,

승용차 1,800원, 소형버스 3,000원

한라산 천연보호구역 천연기념물 제182호

성산일출봉

주소 제주특별자치도 서귀포시 성산읍 일출로 284-12
전화 064-783-0959

요금&시간

관람 시간 하절기 05:00~20:00, 동절기 06:00~18:00,
일출 1시간 전~일몰 후 1시간
소요 시간 왕복 50분
휴무일 연중무휴
입장료 (단체 10인 이상)
[개인] 어른 2,000원, 청소년/군경/어린이 1,000원
[단체] 어른 1,600원, 청소년/군경/어린이 800원
(어른 25세~64세, 청소년 14세~24세)
[무료] 6세 이하, 65세 이상, 장애인, 국가유공자
주차료 무료
성산일출봉 천연보호구역 천연기념물 제420호

만장굴

주소 제주특별자치도 제주시 구좌읍 만장굴길 182
전화 064-710-7903

요금&시간

관람 시간 09:00~18:00
입장 마감 폐장 1시간 전까지
휴무일 매월 1주 수요일
해설 안내 시간 09:00~16:30
소요 시간 왕복 약 50분
입장료 (단체 10인 이상)
[개인] 어른 2,000원, 청소년/군경 1,000원, 어린이 1,000원
[단체] 어른 1,600원, 청소년/군경 800원, 어린이 800원
(어른 25세~64세, 청소년 13~24세, 어린이 7세~12세)
주차료 무료
김녕굴 및 만장굴 천연기념물 제98호

09

조선왕릉

융건릉

주소 경기도 화성시 효행로481번길 21

전화 031-222-0142

요금&시간

관람 시간 (6월~8월) 09:00~18:30, (2월~5월, 9월~10월) 09:00~18:00, (11월~1월) 09:00~17:30

매표 마감 폐장 1시간 전까지

휴관일 매주 월요일

입장료 (단체 10인 이상)

[개인] 1,000원, 단체 800원

[무료] 만 24세 이하, 만 65세 이상

주차료 무료

화성 융릉과 건릉 사적 제206호

영월 장릉

주소 강원도 영월군 영월읍 단종로 190
전화 1577-0545

요금&시간

관람 시간 09:00~18:00
입장 마감 17:00까지
휴무일 연중무휴
입장료 (단체 30인 이상)
[개인] 어른 1,400원, 청소년/어린이 1,200원
[단체] 어른 1,200원, 청소년/어린이 800원
[무료] 65세 이상, 6세 이하
주차료 무료
장릉 사적 제196호

10

한국의 역사마을: 하회와 양동

안동 하회마을

주소 경상북도 안동시 풍천면 하회종가길 2-1
전화 마을관광안내전화 054-852-3588

요금&시간

관람 시간 하절기 09:00~19:00, 동절기 09:00~18:00
휴무일 연중무휴
입장료 (단체 30인 이상)
[일반] 성인 3,000원, 청소년 1,500원, 어린이 1,000원
[단체] 성인 2,500원, 청소년 1,200원, 어린이 900원
주차료 중형 2,000원, 소형 1,000원
안동 하회마을 중요민속문화재 122호

경주 양동마을

주소 경상북도 경주시 강동면 양동마을길 93
전화 매표소 054-762-6263, 체험 안내 054-762-2633

요금&시간

관람 시간
(4월~9월) 09:00~19:00, (10월~3월) 09:00~18:00
휴무일 연중무휴
입장료 (단체 30인 이상)
[개인] 성인 4,000원, 청소년/군인 2,000원, 어린이 1,500원
[단체] 성인 3,400원, 청소년/군인 1,700원, 어린이 1,200원
[무료] 65세 이상, 7세 이하, 장애인
주차료 무료
양동마을 중요민속문화재 제189호
경주 양동 무첨당 보물 제411호
경주 양동 향단 보물 제412호
경주 양동 관가정 보물 제442호

11

남한산성

기본 정보

주소 경기도 광주시 중부면 남한산성로 731
전화 031-777-7500, 행궁 관람 문의 031-746-2811

요금&시간

관람 시간
(4월~10월) 10:00~18:00, (11월~3월) 10:00~17:00
휴무일 연중무휴
관람료 (단체 30인 이상)
[개인] 어른 2,000원, 청소년 1,000원
[단체] 어른 1,600원, 청소년 800원
주차료 경차 500원, 승용차 1,000원, 승합차 2,000원
남한산성 사적 제 57호
남한산성 행궁 사적 제480호

유네스코
백제역사
유적지구

공주의 송산리 고분군은 1971년 하수도 공사 중 발견되었습니다. 1500년 만에 그 모습을 드러낸 왕릉은 지석에 새겨진 내용을 통해 무덤의 주인이 무령왕이라는 사실을 알게 되었고, 단 하루 만에 철야로 모든 유물이 발굴되었습니다.

익산의 왕궁리유적은 현재도 한창 발굴이 진행 중인데, 왕궁리탑과 그 주변 발굴 현장을 둘러보는 것만으로 당시의 모습이 상상되는 유적지입니다.

부여로 백제 유적탐사에 나서면 유적을 묶어 돌아보시기 바랍니다. 먼저 관북리유적은 부소산성 앞에 펼쳐져 있으니 부소산성과 함께 둘러보시기 바랍니다.

부여에서 많이 찾지 않는 유적이 바로 나성인데 이번에는 능산리고분군과 함께 찾아가 보시기 바랍니다. 고분군에서 바로 맞닿아 있기 때문에 어렵지 않습니다.

마지막으로 정림사지는 부여에서 가장 추천하는 백제유적입니다. 백제 예술의 유려함 그리고 석조라는 재료의 한계를 넘어 목조에서 구현하던 접합기술과 곡선을 표현해낸 최고의 걸작입니다. 정림사지박물관과 길 건너편의 국립부여박물관을 함께 방문해 보시기 바랍니다. 특히 정림사지박물관은 현재까지 찾은 국내 박물관 중 그 구성이 최고라 평하고 싶습니다.

01

공산성

주소 충청남도 공주시 웅진로 280
전화 공주시 관광안내소 041-856-7700

요금&시간
관람 시간 09:00~18:00
휴무일 구정, 추석 당일
입장료 (단체 20인 이상)
[개인] 어른 1,200원, 청소년/군경 800원, 어린이 600원
[단체] 어른 1,100원, 청소년/군경 700원, 어린이 500원
통합 관람료 (고분군, 공산성, 석장리박물관)
[개인] 어른 2,800원, 청소년/군인 1,800원, 어린이 1,300원
[단체] 어른 2,500원, 청소년/군인 1,600원, 어린이 1,100원
[무료] 만 65세 이상
주차료 무료
공주 공산성 사적 제12호

송산리 고분군 -무령왕릉

기본 정보

주소 충청남도 공주시 왕릉로 37
전화 무령왕릉 관광안내소 041-856-3151

요금&시간

관람 시간 09:00~18:00
휴관일 구정, 추석 당일
관람료 (단체 20인 이상)
[개인] 어른 1,500원, 청소년/군인 1,000원, 어린이 700원
[단체] 어른 1,400원, 청소년/군인 900원, 어린이 600원
통합 관람료(고분군, 공산성, 석장리박물관)
[개인] 어른 2,800원, 청소년/군인 1,800원, 어린이 1,300원
[단체] 어른 2,500원, 청소년/군인 1,600원, 어린이 1,100원
주차료 무료
송산리 고분군 사적 제13호

왕궁리유적

기본 정보

주소 전라북도 익산시 왕궁면 궁성로 666
전화 063-859-4631~2, 063-859-4635

요금&시간

관람 시간 09:00~18:00
휴관일 매주 월요일, 신정
관람료 무료
주차료 무료
익산 왕궁리유적 사적 제408호
익산 왕궁리 오층석탑 국보 제289호

미륵사지

기본 정보

주소 전라북도 익산시 금마면 미륵사지로 362

전화 미륵사지유물전시관 063-290-6799

요금&시간

관람 시간 09:00~18:00

휴관일 매주 월요일, 신정

관람료 무료

주차료 무료

익산 미륵사지 사적 제150호

관북리유적과 부소산성

관북리유적
주소 충청남도 부여군 부여읍 성왕로 225
전화 충남종합관광안내소 041–830–2330

요금&시간
관람 시간 24시간
휴무일 연중무휴
입장료 무료 **주차료** 무료
부여 관북리유적 사적 제428호

부소산성
주소 충청남도 부여군 부여읍 부소로 31
전화 충남종합관광안내소 041–830–2330

요금&시간
관람 시간
(3월~10월) 09:00~18:00, (11월~2월) 09:00~17:00
휴무일 연중무휴
입장료 (단체 30인 이상)
[개인] 어른 2,000원, 청소년/군인 1,100원, 어린이 1,000원
[단체] 어른 1,800원, 청소년/군인 1,000원, 어린이 900원
주차료 무료
부소산성 사적 제5호

06

나성

기본 정보
주소 충청남도 부여군 부여읍 능산리 동문로 일대
전화 충남종합관광안내소 041-830-2330

요금&시간
관람 시간 24시간
휴무일 연중무휴
입장료 무료
주차료 무료
부여 나성 사적 제58호

07

능산리 고분군

기본 정보
주소 충청남도 부여군 부여읍 왕릉로 61
전화 041-830-2521

요금&시간
관람 시간 (3월~10월) 09:00~18:00,
(11월~2월) 09:00~17:00
휴무일 연중무휴
입장료 (단체 30인 이상)
[개인] 성인 1,000원, 청소년 600원, 어린이 400원
[단체] 성인 900원, 청소년 500원, 어린이 350원
[무료] 만 65세 이상, 6세 이하
능산리 고분군 사적 제14호

08 정림사지

기본 정보
주소 충청남도 부여군 부여읍 동남리 정림로 83
전화 041-830-2721

정림사지박물관
관람 시간
(3월~10월) 09:00~18:00, (11월~2월) 09:00~17:00
휴관일 신정, 구정, 추석 연휴
*정림사지 연중무휴 관람 가능
관람료 (단체 30인 이상)
[개인] 어른 1,500원, 청소년/군경 900원, 어린이 700원
[단체] 어른 1,200원, 청소년/군경 700원, 어린이 500원
주차료 무료
정림사지 사적 제301호

유네스코
잠정목록 기획전
[대한민국7대 산사]

많은 분들이 산사를 힐링 장소로 생각하는 이유는 무엇 때문일까요? 바로 산사 전체를 휘감고 있는 하나의 일관된 흐름 때문이라 여겨집니다. 깊은 산중에 사찰을 건립한 목적과 삼문체계를 갖추게 된 이유는 바로 마음을 차분히 갖춰 경건함을 유지하기 위해서입니다. 산사를 방문하시면 3단계로 흐름을 나누어 걸어 보시기 바랍니다. 마음을 하나로 하라는 뜻의 일주문~불이문 그리고 사천왕문까지는 마음을 비우려고 노력해 보십시오. 법당까지 이를 때에는 상승 리듬으로 몸과 마음을 가볍게 갖는 데에 집중하고, 내려오는 길에는 좋은 기운을 마음에 채워 보시기 바랍니다. 한결 개운할 것입니다.

참고로 잠정목록이란 유산등재를 위해 유네스코에서 검토를 마친 후보 명단을 말합니다. 다시 말해 우리나라 문화재 중에서 유네스코 기준에 맞는 세계적, 한국적 그리고 문화적 가치가 명확한 곳들이 바로 이 목록에 전부 포함되어 있는 것입니다.

그중에는 등재가 쉽지 않아 보이는 곳들도 있으며 이번에 소개하는 산사 7곳처럼 등재가 될 것으로 확실해 보이는 곳들도 있습니다. 현재 우리나라는 문화유산 11곳, 자연유산 4곳 총 15곳의 잠정목록을 가지고 있는데, 답사여행 또는 힐링여행의 테마로 잡기에 딱 좋은 곳들로 이루어져 있습니다. 유네스코 등재 전 미리 다녀왔다는 것도 의미가 있겠죠?

01

대흥사

기본 정보

주소 전라남도 해남군 삼산면 대흥사길 400
전화 061-534-5502

요금&시간

관람 시간 하절기 07:00~19:00, 동절기 08:00~18:00
휴무일 연중무휴
입장료 (단체 30인 이상)
[개인] 성인 3,000원, 청소년 1,500원, 어린이 1,000원
[단체] 성인 2,500원, 청소년 1,200원, 어린이 800원
[무료] 만 65세 이상, 6세 이하
주차료 경차 1,000원, 승용차 2,000원, 대형차 3,000원
두륜산 대흥사 일원 명승 제66호
해남 대흥사 사적 제508호

02

법주사

기본 정보

주소 충청북도 보은군 속리산면 법주사로 405
전화 043-543-3615, 043-543-8655

요금&시간

관람 시간 하절기 07:00~19:00, 동절기 08:00~18:00
휴무일 연중무휴
입장료 (단체 30인 이상)
[개인] 성인 4,000원, 청소년 2,000원, 어린이 1,000원
[단체] 성인 3,700원, 청소년 1,600원, 어린이 800원
[무료] 만 65세 이상
주차료 소형/승합 4,000원
보은 법주사 사적 제503호
보은 법주사 쌍사자 석등 국보 제5호
보은 법주사 대웅보전 보물 제915호

선암사

기본 정보

주소 전라남도 순천시 승주읍 선암사길 450

전화 061-754-5247

요금&시간

관람 시간 하절기 07:00~19:00, 동절기 08:00~18:00

휴무일 연중무휴

입장료 (단체 30인 이상)

[개인] 성인 2,000원, 군인/학생 1,500원, 어린이 1,000원

[단체] 성인 1,700원, 군인/학생 1,200원, 어린이 800원

[무료] 65세 이상, 7세 미만, 장애인, 국가유공자

주차료 소형 2,000원, 대형 3,000원

선암사 사적 제507호

선암사 동서 삼층석탑 보물 제395호

선암사 대웅전 보물 제1311호

선암사 동종 보물 제1561호

마곡사

기본 정보

주소 충청남도 공주시 사곡면 마곡사로 966
전화 041-841-6220~3

요금&시간

관람 시간 하절기 07:00~19:00, 동절기 08:00~18:00
휴무일 연중무휴
입장료 (단체 30인 이상)
[개인] 성인 2,000원, 청소년 1,500원, 어린이 1,000원
[단체] 성인 1,600원, 청소년 1,200원, 어린이 800원
[무료] 만 65세 이상, 장애인, 국가유공자
주차료 무료
공주 마곡사 영산전 보물 제800호
공주 마곡사 대웅보전 보물 제801호
공주 마곡사 대광보전 보물 제802호

05

봉정사

기본 정보
주소 경상북도 안동시 서후면 봉정사길 222
전화 054-853-4181

요금&시간
관람 시간 하절기 07:00~19:00,
동절기 08:00~18:00
휴무일 연중무휴
입장료 (단체 30인 이상)
[개인] 성인 2,000원, 청소년/군인 1,300원,
어린이 600원
[단체] 성인 1,500원, 청소년/군인 1,000원,
어린이 500원
[무료] 만 65세 이상, 장애인, 국가유공자
주차료 무료
안동 봉정사 극락전 국보 제15호
안동 봉정사 대웅전 국보 제311호
안동 봉정사 고금당 보물 제449호

통도사

기본 정보
주소 경상남도 양산시 하북면 통도사로 108
전화 055-382-7182

요금&시간
관람 시간 하절기 07:00~19:00,
동절기 08:00~18:00
휴무일 연중무휴
입장료 (단체 30인 이상)
[개인] 성인 3,000원, 청소년 1,500원,
어린이 1,000원
[단체] 성인 2,500원, 청소년 1,200원,
어린이 800원
주차료 소형 2,000원, 대형 3,500원
성보박물관 무료 입장
양산 통도사 국장생 석표 보물 제74호
양산 통도사 대웅전 및 금강계단 국보 제290호
양산 통도사 대광명전 보물 제1827호

부석사

기본 정보

주소 경상북도 영주시 부석면 부석사로 345
전화 054-633-3464, 054-633-3258

요금&시간

관람 시간 하절기 07:00~19:00, 동절기 08:00~18:00
휴무일 연중무휴
입장료 (단체 30인 이상)
[개인] 성인 1,200원, 청소년/군인 1,000원, 어린이 800원
[단체] 성인 1,000원, 청소년/군인 800원, 어린이 500원
주차료 경차 2,000원, 중형 3,000원, 버스 4,500원
부석사 무량수전 국보 제18호
부석사 조사당 국보 제19호
부석사 무량수전 앞 석등 국보 제17호
부석사 소조여래좌상 국보 제45호
부석사 조사당벽화 국보 제46호

>>>>>>>> **06**

세대별
추천
여행지

20대들에게
추천하는
여행지 5선

여행객들을 크게 분류하면 가족 여행객 그리고 연인 여행객으로 양분할 수 있습니다. 연인들에게 추천하는 여행지라는 곳들이 전국에 산재해 있지만 막상 찾아가 보면 기본적인 분위기에서부터 적합하지 않거나 민망하기 그지없는 곳들이 부지기수입니다.

다양한 컨셉의 여행객들 중에서 까다롭기로 유명한 여행객들이 바로 연인들입니다. 기본적으로 바다 또는 강 같은 물이 있어야 하며 먼발치의 아름다운 경관을 품고 있어 청정함과 함께 청량감도 겸비해야 할 것입니다. 거기다 주변에 맛집과 숙박지들도 풍부하고 접근성도 좋아야 하며, 마지막으로 분위기 자체가 사랑스러워야 합니다. 거기다 입장료까지 없다면 더욱 좋겠죠? 다시 말해 분위기만으로 손을 부여잡게 만들 포스를 품고 있어야 하는데 그런 곳이 어디 쉽게 찾아지겠습니까? 하지만 지주여 멤버들의 직접적인 경험을 통해 수많은 연인들에게 추천하는 장소 5선은 참으로 다채롭습니다. 단, 이 장소들은 사람들이 몰리지 않는 시간대에 찾아야 한다는 점 절대 잊지 마십시오.

하조대

기본 정보

주소 강원도 양양군 현북면 하광정리
전화 양양군청 문화관광과 033-670-2724, 2207

요금&시간

개방 시간 하절기 일출 30분 전~20:00,
동절기 일출 30분 전~17:00
입장료 무료
주차료 무료
하조대 명승 제68호

바람의 언덕

기본 정보

주소 경상남도 거제시 남부면 갈곶리 산14-47

전화 거제관광안내소 055-639-3399

요금&시간

관람 시간 24시간

휴무일 연중무휴

입장료 무료

주차료 무료

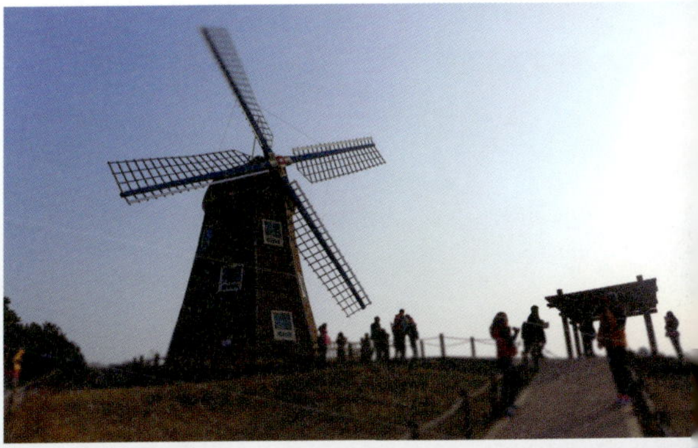

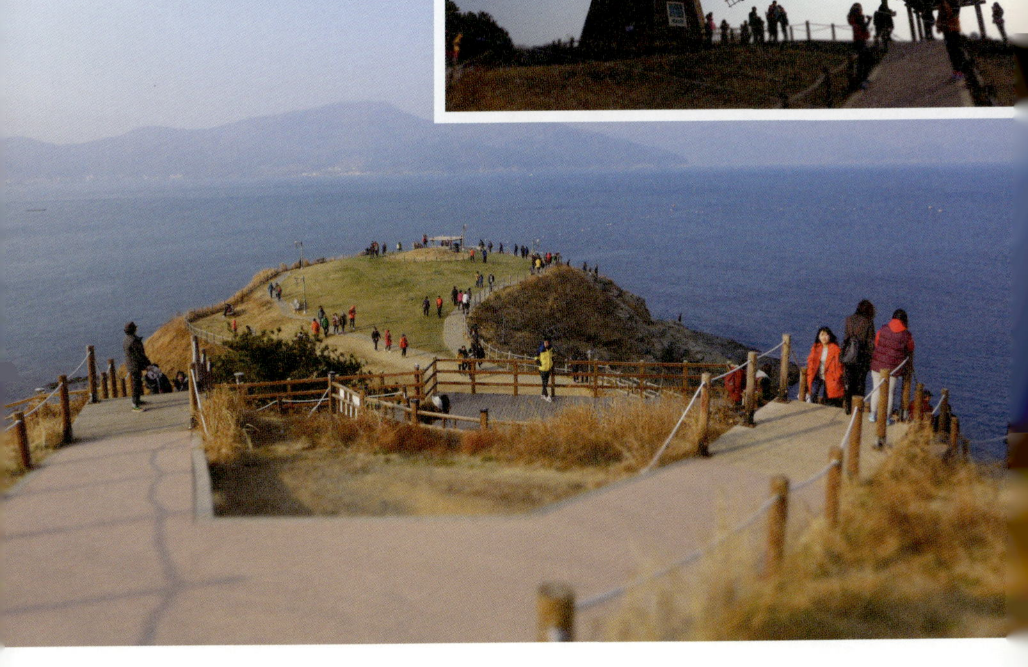

03

호암지

기본 정보
주소 충청북도 충주시 상아배이길
전화 충주시 종합관광안내소 043-842-0531

요금&시간
관람 시간 24시간
휴무일 연중무휴
입장료 무료
주차료 무료

독락당

기본 정보
주소 경상북도 경주시 안강읍 옥산서원길 300-3
전화 경주시청 문화재과 054-779-6109

요금&시간
관람 시간 09:00~17:00
휴무일 연중무휴
입장료 무료
주차료 무료
독락당 보물 제413호
독락당 조각자나무 천연기념물 제115호

05

섭지코지

기본 정보

주소 제주특별자치도 서귀포시 성산읍 섭지코지로 261

전화 064-782-0080

요금&시간

관람 시간 24시간

휴무일 연중무휴

입장료 무료

주차료 경차 500원, 소형 1,000원, 중대형 2,000원

유원시설 이용료 [일반자전거] (2인승, 1시간) 10,000원,
(1인승, 1시간) 7,000원
[전기자전거] (1시간) 20,000원
[해마열차] 대인 6,000원, 소인 4,000원,
왕복 20분+자유 시간 30분, 매 정시 출발 09:00~17:00
[마차] (기본 1~5인) 30,000원

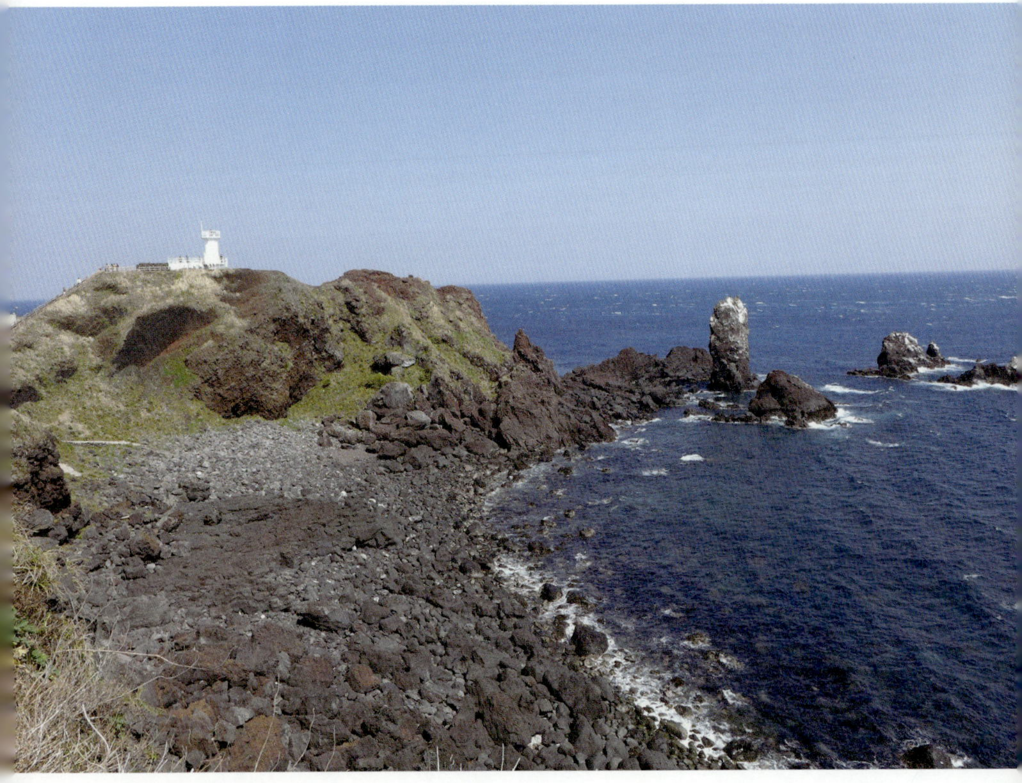

30대들에게
추천하는
여행지 5선

철없던 20대를 지나 30대에 이르면 안정된 인생을 살고 있을 것이라 예상했건만! 역시 세상에 쉬운 것은 없나 봅니다. 그렇게나 많은 선택을 해왔지만 진정한 선택의 순간은 다시 30대인 나를 위해 대기하고 있었나 봅니다. 30대가 되면 모든 것이 결정될 줄 알았는데 역시 세상은 살아 봐야 안다고 했나요? 나를 위한 혹은 우리를 위한 선택의 시간에 망설임이 가슴속 깊이 자리하고 있다면 그 모든 것을 마음의 트렁크에 넣고 여행을 떠나 보시기 바랍니다. 떠난 그곳에서 보따리를 풀어 놓고 가장 먼저 손과 마음이 가는 대로 선택을 해 보세요. 그리고 상상해 보세요. 자신 없는 마음은 먼 바다에 던져버리고, 자신감만 다시 챙겨 넣는 겁니다.

오늘은 그러기 위해 떠나는 여행지 5곳을 선정해 보았습니다. 약간은 업된, 들뜬 기분을 만들어주는 장소에서부터 한없이 차분하게 마음을 가라 앉혀주는 장소까지 심혈을 기울여 선정했습니다. 그럼 30대 선택의 순간은 먼저 '여행을 떠나는 선택'부터 시작해 보죠. 망설이지 마시고요.

달맞이길

기본 정보

주소 부산광역시 해운대구 달맞이길 190

전화 051-749-5710

요금&시간

관람 시간 24시간

휴무일 연중무휴

입장료 무료

주차료 10분당 300원, 24시간 8,000원,
09:00~22:00(노상공영주차장)

팜카밀레
허브농원

기본 정보

주소 충청남도 태안군 남면 우운길 56-19
전화 041-675-3636

요금&시간

관람 시간 09:00~18:00, 하절기 18:30까지
휴무일 비정기적(전화 문의)
관람료 [주중] 성인 6,000원, 어린이 3,000원, 유아 2,000원
[주말/공휴일] 성인 8,000원, 어린이 4,000원, 유아 3,000원
주차료 무료

03

이중섭거리

기본 정보
주소 제주특별자치도 서귀포시 이중섭로 27-3
전화 064-1330, 이중섭미술관 064-760-3567

요금&시간
관람 시간 24시간
휴무일 연중무휴
입장료 무료
주차료 무료

이중섭미술관
관람 시간 (1월~6월, 10월~12월) 09:00~18:00,
(7~9월) 09:00~20:00
휴무일 매주 월요일, 신정, 구정, 추석 연휴
관람료 어른 1,000원, 청소년 500원, 어린이 300원
[무료] 6세 이하, 65세 이상, 장애인, 국가유공자

이중섭 거주지
Lee Jung Seop Residential Area

중섭
공방

04

무릉계곡

기본 정보

주소 강원도 동해시 삼화로 538
전화 무릉계곡 관리사무소 033-534-7306

요금&시간

관람 시간 (1월~6월, 9월~10월) 05:00~18:00,
(7월~8월) 05:00~20:00, (11월~2월) 06:00~18:00
휴무일 연중무휴
입장료 (단체 30인이상)
[개인] 성인 2,000원, 청소년 1,500원, 어린이 700원
[단체] 성인 1,500원, 청소년 1,000원, 어린이 500원
[무료] 동해시민
주차료 승용차 2,000원, 대형버스 5,000원
무릉계곡 명승 제37호

05

소금강

기본 정보

주소 강원도 강릉시 연곡면 소금강길 457
전화 오대산국립공원 소금강분소 033-661-4161

요금&시간

관람 시간 24시간
휴무일 연중무휴
입장료 무료
주차료 무료
소금강 명승 제1호

40대들에게
추천하는
여행지 5선

여러분의 월요일은 보통 어떤가요? 업무를 기다렸다는 듯 웃으며 맞이하시나요, 아니면 "벌써 월요일이라니 일주일을 또 어떻게 버티지?"라고 생각하시나요? 목요일쯤 되면 계획해 놓았던 주말여행을 기다리는 맛에 하루 이틀 버티시는 분들 많습니다. 그다음 여행까지 벌써 계획하고 계시다면 당신은 여행의 아쉬움을 미리 달랠 줄 아는 진정한 여행의 고수입니다.

첫 직장생활 때만 하여도 꿈도 많고 목표도 뚜렷하였지만, 시간이 지나며 무기력함에 고개를 떨구기도 했을 것입니다. 하지만 기죽지 마세요. 누구나 그렇게 직장생활에 익숙해져 갑니다. 그러나 이대로는 안 되겠다 하시는 분들도 있겠습니다. 그렇다면 여행을 떠나 보세요.

인생의 목표도 다시 한번 점검하고, 살아가는 의미도 되새길 수 있는, 그로 인하여 직장생활의 활기까지 함께 불어 넣을 수 있는 여행지를 추천해 드리겠습니다.

추사 유배길

기본 정보
주소 제주특별자치도 서귀포시 대정읍 추사로 44 일원
전화 064-760-3406

추사관
관람 시간 09:00~18:00
휴무일 연중무휴
제주추사관 관람료 성인 500원, 청소년/어린이 300원
주차료 무료
서귀포 김정희 유배지 사적 제487호

02

구인사

주소 충청북도 단양군 영춘면 구인사길 73
전화 043-423-7100

요금&시간

관람 시간 24시간
휴무일 연중무휴
입장료 무료
주차료 3,000원

청령포

기본 정보

주소 강원도 영월군 영월읍 청령포로 133
전화 1577-0545

요금&시간

관람 시간 09:00~18:00
배 운항 시간 09:00~17:00
휴무일 연중무휴
입장료 어른 2,000원, 청소년/어린이 1,200원
주차료 무료
영월 청령포 명승 제50호
청령포 관음송 천연기념물 제349호

04

비둘기낭 폭포

기본 정보

주소 경기도 포천시 영북면 비둘기낭길 25 비둘기낭 마을 부근

전화 포천시청 문화관광과 031-538-2106, 3027

요금&시간

관람 시간 (6월~10월) 08:00~19:00,
(11월~5월) 09:00~18:00

휴무일 연중무휴

입장료 무료

주차료 무료

한탄강 현무암협곡과 비둘기낭 폭포 천연기념물 제537호

05

석천정사

기본 정보

주소 경상북도 봉화군 봉화읍 충재길 25-36
전화 봉화군청 문화관광과 054-679-6331

요금&시간

관람 시간 24시간(외부 관람만 가능)
휴무일 연중무휴
입장료 무료
관람료 무료
봉화 청암정과 석천정사 명승 제60호

카페투어

바닷가
카페 추천 7선

　바닷가에 가면 꼭 해수욕을 하지 않더라도 해변이 한눈에 내려다보이는 카페에서 여유를 만끽 하고자 하시는 분들 많을 것입니다. 그래서 '바닷가 카페 추천 7선'을 준비했습니다.

　어떤 해변가에서는 카페 자체를 찾기가 너무 어려운 경우가 있고 또 다른 곳에서는 너무 많아서 고르기가 난감한 경우도 있습니다. 때문에 해변을 찾으실 때는 명당자리에 아름다운 카페가 있을 것이라는 막연한 예상을 하기보다는 마음에 드는 곳을 미리미리 선정해 보시기 바랍니다. 바닷가 카페 선정의 핵심은 바로 다양성입니다. 무조건 바닷가 바로 앞에서 하염없이 바다만 볼 수 있는 카페가 아니라 무언가 다른 특징을 함께 지니고 있는 곳에 더 높은 점수를 주어 선정하였습니다.

베이브리즈 카페

기본 정보

주소 충청남도 태안군 소원면 만리포2길 235-9 오션동 4층

전화 041-675-9551

메뉴&시간

아메리카노 4,500원, 에스프레소 4,500원,
카페라테 5,500원, 캐러멜라테 6,000원,
카푸치노 5,500원, 아이스 500원 추가,
아이스티 5,000원, 에이드 6,500원,
바나나라테 6,000원, 팥빙수 10,000원
영업시간 평일 11:00~22:00, 주말 10:00~24:00
휴무일 연중무휴

02

서연의집

기본 정보
주소 제주특별자치도 서귀포시 남원읍 위미해안로 86
전화 064-764-7894

메뉴&시간
아메리카노 4,200원, 카페라테 5,000원,
카푸치노 4,800원, 바닐라라테 5,300원,
캐러멜마키아토 5,300원, 에스프레소더블 4,000원,
아이스 500원 추가, 블루레모네이드 6,500원,
사케라또 5,000원, 아포가토 7,000원,
팥빙수 6,500원, 과일주스 6,500원
영업시간 09:00~21:00
휴무일 연중무휴

카페에떼

기본 정보

주소 경상남도 남해군 미조면 미조로 25
전화 055-867-7762

메뉴&시간

아메리카노 3,500원, 에스프레소 3,000원,
바닐라라테 4,500원, 아포가토 5,500원,
카페라테 4,000원, 카페모카 4,500원,
더치커피 5,000원
[드립커피] 케냐AA 5,000원, 과테말라안티구아 5,000원,
스무디(딸기망고/키위) 4,500원,
요거트스무디(블루베리/플레인/딸기) 5,000원
영업시간 11:00~22:30
휴무일 연중무휴

04

코랄커피

기본 정보
주소 충청남도 보령시 해수욕장4길 82
전화 041-934-7011

메뉴&시간
아메리카노 4,100원, 아포가토 5,400원,
카페라테/카푸치노 4,400원,
바닐라라테/헤이즐넛라테 4,800원,
카페모카/캐러멜마키아토 5,200원,
핫초콜릿 4,800원, 로열밀크티 5,200원,
아이스플레이크(빙수) 9,500원,
아이스티/블루레모네이드 4,200원
영업시간 10:00~22:00
휴무일 평일 유동적(전화 문의)

네르하 카페

기본 정보
주소 강원도 고성군 토성면 아야진해변길 107
전화 033-632-6032

메뉴&시간
아메리카노 2,500원, 카푸치노 3,800원,
카페라테 3,800원, 블루베리라테 3,800원,
생과일주스 3,800원, 스무디(딸기/망고) 3,800원,
핫초코 3,800원, 팥빙수 5,500원
영업시간 10:00~21:30
휴무일 연중무휴

워터프런트커피

기본 정보
주소 강원도 양양군 강현면 낙산사로 46-가
전화 010-7512-3627

메뉴&시간
아메리카노 2,000원, 카페라테 2,500원,
바닐라라테 3,000원, 캐러멜라테 3,500원,
카페모카 4,000원, 그린티프라페/쿠앤크프라페 4,500원,
자바칩프라페/커피프라페 5,000원,
에이드 4,500원, 핫초코 3,000원
영업시간 평일 11:00~22:00, 주말 08:00~23:00
휴무일 연중무휴

07

카페벨라비

기본 정보

주소 부산광역시 해운대구 송정광어골로 25
전화 051-704-9588

메뉴&시간

에스프레소 4,300원, 아메리카노 4,300원,
카푸치노 4,800원, 바닐라라테 5,000원, 아이스 500원 추가,
청포도주스 6,500원, 모히또 7,000원,
레모네이드 6,000원, 사케라또 5,300원,
아포가토 7,000원, 눈꽃빙수 7,500원,
커피/녹차빙수 9,000원,
프렌치토스트 11,000원, 팬케이크 12,500원,
초코치즈케이크 5,000원, 당근타르트 6,000원
영업시간 10:30~23:00
휴무일 연중무휴

제주도
카페 6선

1   테라로사 서귀포점 [서귀포시]
2   앤트러사이트 한림점 [한림읍]
3   까미노 [애월읍]
4   카페7373 [서귀포시]
5   망고레이필리핀디저트카페 [성산읍]
6   월정리LOWA [월정리]

제주로의 여행이 열 번을 넘어서는 순간부터는 남들도 다 가 본 곳이나 누구나 아는 곳을 다시 한번 찾게 되었고, 제주도를 내 것으로 만들려고 하기보다는 그냥 내 자신에 집중하게 되었습니다. 그러면서 자주 찾게 되는 곳은 다름 아닌 나의 감성에 충실함을 더해줄 만한 카페였습니다.

추천하는 카페는 모두 어떤 이유에서든 하나씩 특별함을 느꼈던 장소들입니다. 전체적으로 보았을 때 제주에만 있는 카페에 1, 2위를 선사하고 싶었지만, 역시 전국적으로 탑을 휩쓸고 있는 테라로사에 객관적 측면에서 1위를 줄 수밖에 없었습니다. 독특함, 특별함, 개성, 모든 면에서 타의 추종을 불허하는 앤트러사이트를 최강의 카페라 하고 싶었으나, 공장을 리모델링한 이곳만의 인테리어 특징으로 인해 냉방 시설이 없는 바 그것이 한여름에는 큰 단점이므로 2위로 선정하였습니다. 역시 서울에서의 명성이 제주에서도 유감없이 발휘된 듯합니다. 개인적으로 가장 좋았던 카페는 3위의 까미노입니다. 공간에 다양함이 있고 나 자신에게 집중할 수 있는 카페입니다.

의도치 않았으나 1~3위 카페는 모두 제주에서도 바다 전망이 아니라는 공통점이 있습니다. 전통의 강호 '카페7373'과 '월정리LOWA'는 역시 다시 가 보아도 눈앞의 바다 전망과 특별한 인테리어로 후한 점수를 줄 수밖에 없었습니다. 특이한 곳은 5위 망고레이필리핀디저트카페입니다. 최근 제주에 망고주스 가게들이 즐비하게 생겨난 영향인 듯합니다.

테라로사
서귀포점

기본 정보
주소 제주특별자치도 서귀포시 칠십리로658번길 27-16
전화 064-738-4478

메뉴&시간
아메리카노 4,500원, 아이스 5,500원,
카푸치노 5,000원, 에스프레소더블 4,500원,
오늘의커피 6,000원, 아이스핸드드립 5,500원
[핸드드립커피]
케냐 카간다AB 5,500원, 브라질 안토니오 5,500원,
부룬디 부와이 6,500원, 콜롬비아 마하구알 7,500원
영업시간 09:00~21:00
휴무일 연중무휴

앤트러사이트 한림점

기본 정보

주소 제주특별자치도 제주시 한림읍 한림로 564
전화 064-796-7991

메뉴&시간

에스프레소 3,500원, 아메리카노 4,500원,
카푸치노 5,000원, 카페라테 5,000원,
아이스 500원 추가,
레모네이드 6,000원, 레몬티 6,000원,
한라봉주스 6,000원(유동적 판매), 핫초콜릿 5,000원,
레몬쿠키 500원, 가또쇼콜라 4,000원
영업시간 11:00~19:00
휴무일 연중무휴

03

까미노

기본 정보
주소 제주특별자치도 제주시 애월읍 고하상로 91-12
전화 064-799-9789

메뉴&시간
에스프레소 4,000원, 아메리카노 5,000원,
바닐라라테 5,500원, 카푸치노 5,500원,
아포가토 7,000원, 포루뚜나 5,500원,
에이드 7,000원, 생과일주스 7,000원,
쇼콜라테 7,000원, 아이스크림 5,000원
영업시간 10:30~21:00
휴무일 매주 수요일

04

카페7373

기본 정보

주소 제주특별자치도 서귀포시 막숙포로 166
전화 064-767-7373

메뉴&시간
에스프레소 4,000원, 아메리카노 4,000원,
카페라테 5,000원, 캐러멜라테 5,000원,
카페마로치노 5,000원, 카페마키아토 4,500원,
아이스 500원 추가,
딸기주스 8,000원, 키위주스 7,000원,
아이스크림 7,000원, 과일빙수 12,000원
영업시간 08:00~22:30
휴무일 연중무휴

05

망고레이
필리핀디저트
카페

기본 정보

주소 제주특별자치도 서귀포시 성산읍 신양로 102
전화 064-782-6006

메뉴&시간
카라바오생망고쉐이크 8,500원,
애플망고쉐이크 9,500원 애플망고라쉬 8,500원,
코코망고 7,000원, 망고바나나 6,000원,
블루베리밀크 5,500원, 딸기바나나 6,000원,
망고감귤 8,500원, 파인애플바나나 6,000원
영업시간 10:00~21:00(망고 소진 시 조기 마감)
휴무일 연중무휴

월정리 LOWA

기본 정보

주소 제주특별자치도 제주시 구좌읍 해맞이해안로 472
전화 064-783-2240

메뉴&시간

에스프레소 3,500원, 아메리카노 4,000원,
카푸치노 5,000원, 카페모카 5,500원,
바닐라라테 5,500원, 아이스 1,000원 추가,
아이스티 5,000원, 라임모히또 7,000원,
한라봉빙수 (S)8,000원, (L)13,000원
영업시간 평일 09:30~20:30, 주말 09:30~21:00
주문 마감 영업시간 30분 전까지
휴무일 연중무휴
*옥상 테라스 24시간

커피도시
강릉 카페 10선

1   보헤미안 본점 [영진]+
     보헤미안 박이추 커피공장 [사천]
2   테라로사 커피공장 [구정]
3   휴빈커피 [초당]
4   카페브라질 [영진]
5   키크러스커피 [안목]
6   보사노바 [안목]
7   테라로사 사천점 [사천]
8   산토리니 [안목]
9   L.Bean [안목]
10 할리스커피 강릉항마리나점 [안목]

최근 여행의 트렌드 아이템은 뭐니 뭐니 해도 커피입니다. 그 때문인지 전국 유명 여행지 치고 카페거리 없는 도시가 없습니다. 그중에서 가장 커피로 유명한 도시를 꼽아 보면 강릉, 부산이라 할 수 있습니다. 여기서 이견이 많을 줄 압니다. 강릉과 부산을 커피의 도시라 부르는 이유는 가장 먼저 커피의 신이라 불리는 바리스타들이 대거 자리 잡고 있으며, 커피 가공 공장들까지 있어 생산에서 소비까지 원스톱으로 이루어지기 때문입니다. 게다가 강릉과 부산에는 감성적인 인테리어와 압도적인 경관을 자랑하는 카페들도 모여 있습니다.

이번에는 그중에서도 강릉의 커피 전문점들을 소개하려고 합니다. 우선 카페거리로 유명한 안목에서 5곳을 추천하였는데 커피 맛뿐만 아니라 경관, 인테리어를 함께 두루 살펴 선정하였습니다. 또한 지역적인 안배를 하여 강릉의 아름다운 바다가 있는 사천, 영진(주문진)뿐만 아니라 기타 지역에서도 명성 높은 커피 전문점들을 놓치지 않았습니다.

01

보헤미안 본점

기본 정보
주소 강원도 강릉시 연곡면 홍질목길 55-11
전화 033-662-5365

메뉴&시간
[Straight Coffee]
카메룬 5,000원, 과테말라 5,000원,
가요마운틴 5,000원, 수마트라만데링 5,000원,
볼리비아(유기농) 5,000원, 브라질(산토스#17) 5,000원
[Variation Coffee]
카푸치노 5,000원, 카페오레 5,000원,
아이스커피 5,000원, 아이리쉬커피 5,000원,
핫/아이스코코아 5,000원
영업시간 목요일 08:00~17:00,
금요일~일요일 08:00~15:00
휴무일 월요일~수요일

메뉴&시간"""

보헤미안 박이추 커피 공장

기본 정보
주소 강원도 강릉시 사천면 해안로 1107
전화 033-642-6688

메뉴&시간
하우스 블랜드 4,000원, 이탈리안 블랜드 4,500원,
에디오피아 예가체프 5,000원, 아프리카 콩고 6,000원,
에스프레소 룽고 3,500원, 카푸치노 4,000원,
아이스크림 5,000원, 아포가토 6,000원
영업시간 평일 09:00~22:00,
토요일 08:00~23:00, 일요일 08:00~22:00
휴무일 연중무휴

02

테라로사
커피공장

기본 정보
주소 강원도 강릉시 구정면 현천길 25
전화 033-648-2760

메뉴&시간
과테말라 루이스 5,500원, 온두라스 마리&모이 5,500원,
브라질 해피 마운틴 5,000원, 케냐 카간다 AB 5,500원,
아이스핸드드립 5,500원, 하우스블랜드 5,000원,
아메리카노 4,500원, 리얼코코아 4,500원,
카푸치노 5,000원, 에스프레소 4,500원,
레몬치즈케이크 5,000원, 레몬타르트 6,500원
영업시간 09:00~21:00
휴무일 연중무휴

03

휴빈커피

기본 정보
주소 강원도 강릉시 초당원길54번길 15
전화 033-652-9898

메뉴&시간
브라질 5,000원, 과테말라 5,000원,
케냐 6,000원, 예가체프 콩가 6,000원,
에스프레소 3,800원, 아메리카노 4,000원,
바닐라라테 4,500원, 카페모카 5,000원,
캐모마일/페퍼민트/루이보스 3,800원,
수제생강차 4,500원, 수제레몬차 4,500원,
레모네이드/블루베리에이드 5,000원
영업시간 10:30~23:00
휴무일 구정, 추석 당일

카페브라질

기본 정보

주소 강원도 강릉시 연곡면 해안로 1439
전화 033-662-1259

메뉴&시간

소프트블랜드 5,000원, 과테말라 5,000원,
예가체프 6,000원, 케냐 6,500원,
에스프레소 4,000원, 아메리카노 3,500원,
카페라테/카푸치노 5,000원, 카페모카 5,500원,
아포가토 7,000원, 아이스 500원 추가,
레모네이드 6,000원, 생과일주스 6,000원
영업시간 평일 07:00~22:30,
주말 해 뜨기 30분 전~24:00
휴무일 연중무휴

키크러스커피

기본 정보
주소 강원도 강릉시 창해로 48-1
전화 033-653-6004

메뉴&시간
에스프레소 4,000원, 아메리카노 4,500원,
카페모카/캐러멜마키아토 5,500원, 아포가토 6,000원,
카페라테/카푸치노 5,500원, 바닐라라테/허니라테 4,800원,
아이스/샷/시럽/휘핑 500원 추가,
에이드 5,800원, 모히또 6,500원, 요거트/딸기 6,500원,
팥빙수 8,900원, 단팥죽 6,500원, 녹차/요거트빙수 11,000원
영업시간 09:00~24:00,
금요일/토요일 익일 01:00까지 연장
휴무일 연중무휴

06

보사노바

기본 정보
주소 강원도 강릉시 창해로14번길 28
전화 033-653-0038

메뉴&시간
에스프레소 3,800원, 카페라테 4,300원,
아메리카노 3,800원, 바닐라라테 4,800원,
캐러멜마키아토 4,800원, 아포가토 6,000원,
밀키롤/그린티롤 4,500원, 치즈케이크/티라미수 4,000원
영업시간 평일 09:00~24:00, 주말 09:00~익일 02:00
휴무일 연중무휴

07

테라로사
사천점

주소 강원도 강릉시 사천면 순포안길 6
전화 033-643-7979

메뉴&시간
핸드드립 5,000원부터,
아메리카노 4,500원, 카페라테 5,000원, 아이스 500원 추가,
에스프레소마키아토 5,000원, 에스프레소 4,500원,
레모네이드 6,000원, 리얼코코아 4,500원
[여름 특집 팥빙수] 옛날 팥빙수 6,000원,
아삭 바삭 유자 팥빙수 6,000원
영업시간 평일 10:00~22:00, 주말 09:00~22:00
휴무일 연중무휴

08

산토리니

기본 정보
주소 강원도 강릉시 경강로 2667
전화 033-653-0931

메뉴&시간
산토리니 블랜드 6,000원, 케냐 니예리 피베리 7,000원,
파나마 에스메랄다 게이샤 보케테 10,000원,
아메리카노 3,800원 그린티라테 4,500원,
카페모카/캐러멜마키아토 5,500원,
카페라테/카푸치노 4,500원,
아포가토 6,000원, 아이스 500원 추가
영업시간 09:00~익일 01:00
주문 마감 영업시간 30분 전까지
휴무일 연중무휴

L. Bean

기본 정보
주소 강원도 강릉시 창해로14번길 34-1
전화 033-652-2100

메뉴&시간
하우스커피 3,500원, 에스프레소라테 4,800원,
아메리카노 4,100원, 에스프레소 3,800원,
헤이즐럿 3,800원, 캐러멜마키아토 5,000원,
에이드 4,500원, 아이스티 4,500원, 생과일 5,500원,
팥빙수 8,000원, 과일빙수 9,000원,
과일팥빙수 10,000원, 녹차빙수 12,000원
영업시간 10:00~익일 02:00
휴무일 연중무휴

10

할리스커피
강릉항마리나점

기본 정보

주소 강원도 강릉시 창해로14번길 51-20
전화 033-652-2543

메뉴&시간

카페아메리카노 4,500원, 바닐라딜라이트 5,400원,
카페라테 4,900원, 카페모카 5,400원,
핫초코, 5,100원, 다크포레스트할리치노 6,100원,
그린티라테 5,900원, 싱글오리진 5,200원, 아이스 500원 추가
영업시간 [4층 매장] 평일 08:30~22:30, 주말 08:30~24:00
[5층 매장] 10:00~익일 02:00
휴무일 연중무휴

인사동 투어

여행 성수기가 끝나가는 즈음, 여행에 대한 아쉬움이 남는다면 이번에는 멀리 떠나지 않고 서울투어에 나서 보는 것은 어떨까요? 서울투어 여행지로 먼저 인사동을 추천합니다. 쌈지길을 찾되 꼭 오전 일찍 방문하시기 바랍니다. 인파에 휩쓸려 다니지 않아 쌈지길이 새로운 모습으로 보일 것입니다. 또한 쌈지길의 정상까지 올라가 보시기 바랍니다. 인사동의 뷰는 독특함의 결정판이랍니다. 쌈지길 맞은편으로는 공방들과 맛집들이 옹기종기 모여 있는 인사동마루라는 장소가 있습니다. 쌈지길과 흡사한 컨셉으로 만들어진 공간으로 색다른 느낌입니다.

인사동에서의 식사는 세 곳을 추천하였습니다. 인사동 중심거리에서 좌측 쌈지길 안쪽으로는 부담스럽지 않은 식사로 항아리수제비를, 우측 공평동 방향으로는 파스타류를 좋아하실 분들을 위하여 아지오를 추천했습니다. 마지막으로 인사동다운 식사를 원하는 분들을 위하여 조계사 건너편 조계종에서 운영하는 사찰 음식점, 발우공양을 추천하였습니다.

인사동 볼거리와 먹거리까지 섭렵하셨다면 마지막으로 인사동 초입 건너편의 조계사까지 가 보시기 바랍니다. 외부에서 보기에는 그저 도심 속 절로만 보이지만 안으로 들어가면 우리나라의 진정한 사찰문화 그리고 사찰의 정원과 장식 세계까지 감상하실 수 있습니다. 식사 후의 산책으로는 더더욱 그만이랍니다.

쌈지길

기본 정보

주소 서울특별시 종로구 인사동길 44
전화 02-736-0088

요금&시간

관람 시간 10:30~20:30
휴무일 구정, 추석 당일
입장료 무료

02

인사동마루

기본 정보

주소 서울특별시 종로구 인사동길 35-4
전화 02-2223-2500

요금&시간

관람 시간 10:30~20:30
(매주 토요일 21:00 연장 운영)
마감 카페 22:00, 식당 23:00
휴무일 연중무휴
입장료 무료

03

항아리수제비

기본 정보
주소 서울특별시 종로구 인사동8길 14-1
전화 02-735-5481

메뉴&시간
항아리수제비 6,000원, 얼큰한수제비 7,000원,
들깨수제비 7,000원, 냉콩국수 7,000원,
골뱅이 13,000원, 해물파전 10,000원
영업시간 11:30~21:30
휴무일 연중무휴

04

아지오 인사점

기본 정보
주소 서울특별시 종로구 인사동11길 23
전화 02-722-0211

메뉴&시간
아지오샐러드 14,500원, 훈제연어샐러드 17,000원,
토마토소스스파게티 11,000원,
베이컨펜네파스타(건면) 14,000원,
마르게리따피자 18,500원, 고르곤졸라피자 19,500원,
알리오올리오 11,000원, 해물그라탕 13,000원
영업시간 12:00~24:00
휴무일 구정, 추석 당일

발우공양

기본 정보

주소 서울특별시 종로구 우정국로 56
전화 02-2031-2081

메뉴&시간

발우공양상 8,000원, 뽕잎칼국수 8,000원,
연잎밥정식 10,000원, 콩가스정식 10,000원,
된장찌개 10,000원, 김치찌개 10,000원,
단품추가세트 13,000원,
(발우공양상+연잎밥/된장찌개/김치찌개)
영업시간 11:30～14:20, 15:30～20:00
휴무일 연중무휴

조계사

기본 정보
주소 서울특별시 종로구 우정국로 55
전화 02-768-8600

요금&시간
관람 시간 24시간
휴무일 연중무휴
관람료 무료
경내 주차료 10분당 1,000원

조선 5대 궁궐 탐방

조선시대에 만들어진 궁궐은 총 5곳이며, 최초의 궁궐은 법궁인 경복궁입니다. 정궁이라고도 하는데 1395년 완공되었으며, '큰 복을 누리라'는 뜻이라고 합니다. 도성의 북쪽에 있다 하여 북궐이라고 불렀으며, 임진왜란으로 전소된 후에는 270년 후 흥선대원군에 의해 재건되었습니다. 현재는 20여 년에 걸친 복원이 거의 완료되어 궁의 전역은 아니어도 중요 지점은 모두 둘러볼 수가 있습니다.

그다음에 지어진 궁이 동궐, 창덕궁입니다. 1405년 태종 때에 건립된 이궁이었지만, 조선의 왕들이 창덕궁을 가장 많이 선호하였으며 임진왜란 후 경복궁이 재건될 때가지 정궁의 역할을 대신하였습니다. 때문에 조선 5개 궁궐 중 유일하게 유네스코 세계문화유산이기도 합니다.

다음에 지어진 궁이 창경궁입니다. 창경궁은 1418년 세종이 상왕인 태종을 모시기 위해 지은 궁으로 서쪽으로는 창덕궁, 남쪽으로는 종묘와 통해 있습니다. 조선의 모든 궁이 남향을 하고 있는 반면 창경궁만 동향을 하고 있는 이유가 바로 풍수지리 때문인데 정전인 명정전의 향이 남쪽의 지맥을 끊는다고 하여 그리 되었다고 합니다. 일제시대 창경원이 되기도 하는 등 부침이 많았던 궁궐이랍니다.

서궐인 경희궁은 창건 당시 조선 후기에는 매우 중요한 궁궐이었습니다. 인조 이후 철종까지 10대에 걸친 왕들이 경희궁에 머물렀습니다. 하지만 일제강점기에 철거되고 경성중학교를 궁에 설치하여 민족의 오랜 정기가 말살되었고 면적도 절반 이하로 축소되었습니다. 아쉬운 점은 현대에 와서도 궁이 복원되지 못하고 많은 논란 속에서 궁내에 서울역사박물관을 지어 영원히 복원이 불가능해졌다는 사실입니다.

마지막으로 덕수궁은 임진왜란이 끝나고 한성으로 돌아온 선조가 세조의 큰 손자인 월산대군의 개인저택이었던 자리와 주변을 합하여 정릉동행궁으로 삼았다고 합니다. 1910년 당시의 덕수궁은 현재의 3배가 넘는 규모였습니다. 고종의 마지막 궁으로 일제강점기 때 대부분 회철되었다고 합니다. 현재까지 덕수궁은 미국대사관 아파트 신축 문제로 복원에 어려움을 겪고 있다고 하니 더욱 안타깝습니다.

경복궁

기본 정보

주소 서울특별시 종로구 사직로 161

전화 02-3700-3900

요금&시간

관람 시간

(1월, 2월, 11월, 12월) 09:00~17:00,

(3월~5월, 9월, 10월) 09:00~18:00,

(6월~8월) 09:00~18:30

입장 마감 폐장 1시간 전까지

휴관일 매주 화요일

관람료 대인 3,000원, 단체(10인 이상) 2,400원

[외국인] 대인 3,000원, 소인 1,500원

[무료] 만 24세 이하, 만 65세 이상, 장애인, 국가유공자

주차료(기본 2시간) 소형 2,000원, 중/대형 4,000원

경복궁 사적 제117호

경복궁 근정전 국보 제223호

경복궁 경회루 국보 제224호

02 창덕궁

기본 정보

주소 서울 종로구 율곡로 99
전화 02-762-8261, 02-762-9513

요금&시간

관람 시간 (11월~1월) 09:00~17:30,
(2월~5월, 9월, 10월) 09:00~18:00,
(6월~8월) 09:00~18:30
매표 마감 폐장 1시간 전까지
휴관일 매주 월요일
관람료 만 25세~64세 3,000원, 단체(10인 이상) 2,400원
[무료] 만 24세 이하, 만 65세 이상
*개별 자유 관람 및 안내 해설 관람 가능

창덕궁 후원 관람

관람 시간 (11월~1월) 09:00~16:30,
(2월) 09:00~17:00, (3월~5월, 9월~10월) 09:00~17:30,
(6월~8월) 09:00~18:00
매표 마감 폐장 1시간 30분 전까지
관람료 대인 5,000원, 소인 2,500원
창덕궁 사적 제122호
창덕궁 낙선재 보물 제1764호
창덕궁 금천교 보물 제1762호

03

창경궁

기본 정보

주소 서울특별시 종로구 창경궁로 185

전화 02-762-4868

요금&시간

관람 시간 (11월~1월) 09:00~17:30,
(2월~5월, 9월~10월) 09:00~18:00,
(6월~8월) 09:00~18:30

입장 마감 폐장 1시간 전까지

휴관일 매주 월요일

관람료 성인 1,000원, 단체(10인 이상) 800원

[무료] 만 24세 이하, 만 65세 이상, 장애인, 국가유공자

창경궁 사적 제123호

창경궁 명정전 국보 제226호

창경궁 명정문 및 행각 보물 제385호

창경궁 관천대 보물 제851호

경희궁

기본 정보

주소 서울특별시 종로구 새문안로 45
전화 02-724-0274

요금&시간

관람 시간 09:00~18:00
휴관일 신정, 매주 월요일
관람료 무료
경희궁 사적 제271호

05

덕수궁

기본 정보

주소 서울특별시 중구 세종대로 99
전화 안내실 02-751-0734

요금&시간

관람 시간 09:00~21:00
휴관일 매주 월요일
입장 마감 폐장 1시간 전까지
관람료 성인 1,000원, 단체(10인 이상) 800원
[무료] 만 24세 이하, 만 65세 이상, 장애인, 국가유공자
덕수궁 왕궁수문장 교대식
매일 3회 11:00, 14:00, 15:30
덕수궁 사적 제124호
덕수궁 중화전 및 중화문 보물 제819호

팥빙수 집 투어

1   장꼬방 [서초동]
2   동빙고 [동부이촌동]
3   밀탑 [현대백화점 무역센터점]
4   설빙 [명동1호점]
5   경성팥집 옥루몽 [여의도 KBS점]

지주여가 소개하는 5곳의 팥빙수 전문점들의 공통점은 모두 서울에 본사가 있으며, 눈꽃빙수를 판매하고 있다는 점입니다. 빙수 전문점이 대박을 맞은 데에는 얼음을 가늘게 간 눈꽃빙수가 큰 몫을 차지하였습니다.

입에서 살살 녹는 얼음에 연유와 잘 익은 팥이 들어간 빙수에 많은 사람들이 매료된 듯합니다. 하지만 빙수 가격이 밥 한 끼 값이었던 것이 엊그제 같은데, 이제는 두 끼 정도를 호가하니 참으로 기가 막힙니다. 요식업계에서 가장 거품이 심한 분야가 냉면에서 이제는 팥빙수로 넘어오지 않았나 싶습니다.

1위로 추천한 장꼬방의 최대 장점은 얼음 위에 얹힌 팥의 양입니다. 팥이 너무 많아 얼음이 잘 안 보일 정도입니다. 가격이 비싸더라도 가격 대비 만족도가 큽니다. 또한 실내 공간이 넉넉하여 카페 분위기가 물씬 풍긴답니다. 동빙고의 경우 얼음 리필이 가능하며, 팥빙수 매니아들에게 가장 많은 사랑을 받는 전문점입니다. 밀탑은 현대백화점 지점에서 찾을 수 있는데 쇼핑 후 필수 코스가 되어 버렸다고 할까요? 장점은 팥이나 떡 요청 시 리필해준다는 점입니다. 설빙은 시내 다양한 곳에서 찾을 수 있으며, 넓은 실내 공간, 셀프로 가져다 드실 수 있는 연유 등의 장점이 있습니다. 옥루몽은 올해 팥빙수 전문점 중에 가장 공격적인 확장을 시도하며 많은 분들이 찾고 있는 곳입니다.

01

장꼬방
[서초동]

기본 정보
주소 서울특별시 서초구 강남대로61길 27
전화 02-597-5511

메뉴&시간
팥빙수 7,000원, 단팥죽 7,000원, 찹쌀떡 1,500원
영업시간 09:00~22:00
휴무일 구정, 추석 당일

02

동빙고
[동부이촌동]

기본 정보
주소 서울특별시 용산구 이촌로 319
전화 02-794-7171

메뉴&시간
단팥죽 6,500원, 팥빙수 6,500원,
미숫가루팥빙수 6,500원, 녹차빙수 7,000원,
커피빙수/유자빙수/딸기빙수 7,000원,
아메리카노 4,000원, 수정과 5,000원
영업시간 10:30~23:00
휴무일 연중무휴

03

밀탑
[현대백화점 무역센터점]

기본 정보

주소 서울특별시 강남구 테헤란로 517 현대백화점 10F

전화 02-3467-8811

메뉴&시간

요거트빙수 8,000원, 오곡빙수 8,000원,
미숫가루팥빙수 6,500원, 녹차빙수 7,000원,
커피빙수/유자빙수/딸기빙수 7,000원,
아메리카노 4,000원, 수정과 5,000원

영업시간 10:30~22:00

주문 마감 21:00까지

휴무일 매달 백화점 휴무 동일

04

설빙
[명동1호점]

기본 정보

주소 서울특별시 중구 명동4길 22

전화 02-752-2232

메뉴&시간

인절미설빙 7,000원, 밀크팥설빙 7,000원,
치즈설빙 9,000원, 망고설빙 9,500원,
인절미토스트 4,500원, 아메리카노 3,800원,
미숫가루 4,500원, 오미자에이드 5,800원

영업시간 11:00~23:00

주문 마감 22:00까지

휴무일 구정, 추석 당일

05

경성팥집 옥루몽
[여의도 KBS점]

주소 서울특별시 영등포구 의사당대로 38
전화 02-782-1016

메뉴&시간

가마솥전통팥빙수 8,000원,
녹차빙수/흑임자빙수 9,000원,
옥루몽단팥죽/옥루몽호박죽 7,500원,
가마솥전통팥죽 7,500원, 팥 추가 1,500원,
오미자 4,800원, 식혜 4,300원
영업시간 11:30~21:00
휴무일 구정, 추석 당일

남산투어

이번에는 남산의 명소와 먹거리들을 소개하겠습니다. 가장 먼저 N서울타워입니다. 케이블카를 타고 서울 360도 경관을 즐길 수 있으며 주말이면 광장에서 공연까지 관람할 수 있는 서울의 필수 명소랍니다. 남산은 남산골 한옥마을을 통하여 오를 수도 있답니다.

남산골 한옥마을은 서울 시내 재개발 사업으로 없어질 위기에 처한 소중한 한옥들을 남산으로 이전하며 조성되었습니다. 이곳에 방문하여 곳곳을 돌아다니다 보면 그 옛날 한양마을의 양반가 모습을 그대로 느끼실 수 있습니다. 한양 반가의 특징은 바로 틀에 박힌 'ㅁ'자 안에서 다양한 구성을 통하여 쓰임새를 강화한 것인데 그러한 모습을 잘 담고 있는 한옥을 이곳에서 다양하게 만나실 수 있습니다.

이어서 남산의 식당으로 그 유명한 남산 돈가스집과 보기 드문 분위기를 지니고 있는 한식당 목멱산방을 소개하겠습니다. 목멱산방은 남산케이블카 주차장에서 숭례문 방향으로 조금 내려가 우측으로 보이는 산책길로 들어서면 만날 수 있습니다. 아름다운 산책로에서 약 200m 걷다 보면 가장 좋은 위치에 멋들어진 한옥 한 채가 자리 잡고 있습니다. 산방 앞으로는 폭포가 시원하게 내리치고 있어 온몸을 시원하게 만들어주며 안으로 들어서면 한옥의 내부와 마당의 조화로운 모습에 분명 기분이 업될 것입니다. 참고로 이곳 앞으로는 주차를 할 수 없으니 남산주차장을 이용하시거나 대중교통을 이용하여 찾아가시길 바랍니다.

01

N서울타워

기본 정보

주소 서울특별시 용산구 남산공원길 105

전화 02-3455-9277

요금&시간

관람 시간 10:00~23:00, 토요일 10:00~24:00

관람 마감 폐장 30분 전까지

휴관일 연중무휴

전망대 관람료 대인 9,000원, 소인/경로 7,000원

박물관은 살아있다 대인 12,000원, 소인 9,000원

전망대+박물관은 살아있다 대인 15,000원, 소인 11,000원

(소인 만 3세~만 12세, 경로 65세 이상)

주차장(남산 주변 주차장 이용)

남산케이블카 주차장 케이블카 이용 시 10분당 600원

남산동 공영주차장 10분당 500원

남산골 한옥마을

기본 정보

주소 서울특별시 중구 퇴계로34길 28
전화 02-2264-4412

메뉴&시간

관람 시간 (4월~10월) 09:00~21:00,
(11월~3월) 09:00~20:00,
전통정원 산책 및 휴게 시설 07:00~23:00
휴관일 매주 화요일
관람료 무료
남산골한옥마을 주차장
시간당 3,000원, 5분당 250원, 2시간 초과 시 5분당 500원
동국대 산협단 주차장
1시간 6,000원, 30분 3,000원, 추가 5분당 500원

03

목멱산방

기본 정보

주소 서울특별시 중구 남산공원길 627
전화 02-318-4790

메뉴&시간

산방비빔밥 7,000원, 불고기비빔밥 9,000원,
육회비빔밥 11,000원, 훈제오리와 참나물무침 25,000원,
한우육회무침 25,000원, 산방보쌈 25,000원,
식후 전통차 주문 시 1,500원 할인,
대추차 4,500원, 유자차 4,500원, 모과차 4,500원,
마주스 5,500원, 원두커피 4,500원, 집식혜 4,500원,
산방눈꽃빙수 8,000원
영업시간 11:00～21:00
주문 마감 20:00까지
휴무일 구정, 추석 전일/당일

서울시청～남산케이블카주차장[2.46km]

남산투어버스 02, 05(10분 소요 예상),
동대입구역～남산북측순환로 입구 2개 정류장
남산투어버스 03(20분 소요 예상),
이태원 블루스케어～남산북측순환로 입구 6개 정류장

미나미야마 본점

기본 정보
주소 서울특별시 중구 소파로 105
전화 02-318-6696

메뉴&시간
왕돈가스 8,000원, 일식돈가스 8,000원,
철판치즈돈가스 13,000원, 생선가스 9,000원,
해물미나미라멘 15,000원, 미나미라멘 12,000원,
돈코츠라멘 9,000원, 사누끼우동 7,000원, 냉라멘 7,000원
영업시간 11:00〜22:00
휴무일 연중무휴

부암동투어

부암동은 서울투어에 대한 시야를 확 넓혀줄 것입니다. 먼저 '도심에 이런 곳이!' 하는 감탄사가 절로 나오는 석파정은 도로에서 보면 전혀 상상이 되지 않지만 서울미술관을 통해 들어가시면 도심 속 천상의 세계가 펼쳐진답니다.

석파정은 흥선대원군의 호인 석파를 따라 이름 붙인 정자입니다. 석파정과 별서는 당시 세도가였던 안동김씨 김흥근의 별장이었는데 흥선대원군이 너무 탐을 내 술수를 써서 빼앗다시피 했다고 합니다. 결국 그런 탐욕이 흥선대원군을 몰락하게 만든 것 아닐까 합니다. 석파정이 있는 야외공원은 넓은 공간이 아니기에 입구인 미술관의 옥상정원에서부터 흥선대원군 별서, 석파정, 너럭바위까지 보시는데 15분 정도면 충분합니다. 석파정 입장료는 미술관 입장료에 포함이 되어 있으며 서울미술관을 통해서만 석파정 출입이 가능합니다. 서울미술관은 삼성미술관 리움 다음으로 규모가 큰 사립미술관입니다. 이곳을 방문하여 석파정과 수준 높은 전시품을 함께 감상해 보시기 바랍니다.

오전의 석파정 관람 후에는 점심식사로 부암동에서 유명하다는 자하손만두를 찾아가 보시기 바랍니다. 아기자기한 주택에 자리한 자하손만두는 부암동의 차분한 분위기를 그대로 이어받았답니다. 부암동에서 식사를 하고 나면 그냥 떠나기 아쉬울 것 같아 마지막으로 부암동의 카페를 추천하였습니다. 바로 드라마 〈커피프린스〉의 카페 산모퉁이입니다. 이곳에서 서울의 아기자기한 풍경을 한눈에 보실 수 있을 것입니다.

서울미술관
+석파정

기본 정보
주소 서울특별시 종로구 창의문로11길 4-1
전화 서울미술관 02-395-0100

요금&시간
관람 시간
[석파정] 하절기 11:00~18:00, 동절기 10:30~17:00
[미술관] 하절기 11:00~19:00, 동절기(11월~1월) 10:30~18:00
입장 마감 폐장 1시간 전까지
미술관 도슨트 시간 11:00, 14:00, 16:00
*미술관 사정에 의해 석파정 관람이 제한될 수 있음
휴관일 매주 월요일
관람료 일반 9,000원, 대학생 7,000원,
학생 5,000원, 어린이 3,000원
주차료 관람객 2시간 무료

윤동주문학관

기본 정보
주소 서울특별시 종로구 창의문로 119
전화 02-2148-4175

요금&시간
관람 시간 10:00~18:00
휴무일 매주 월요일, 신정, 구정, 추석 연휴
입장료 무료

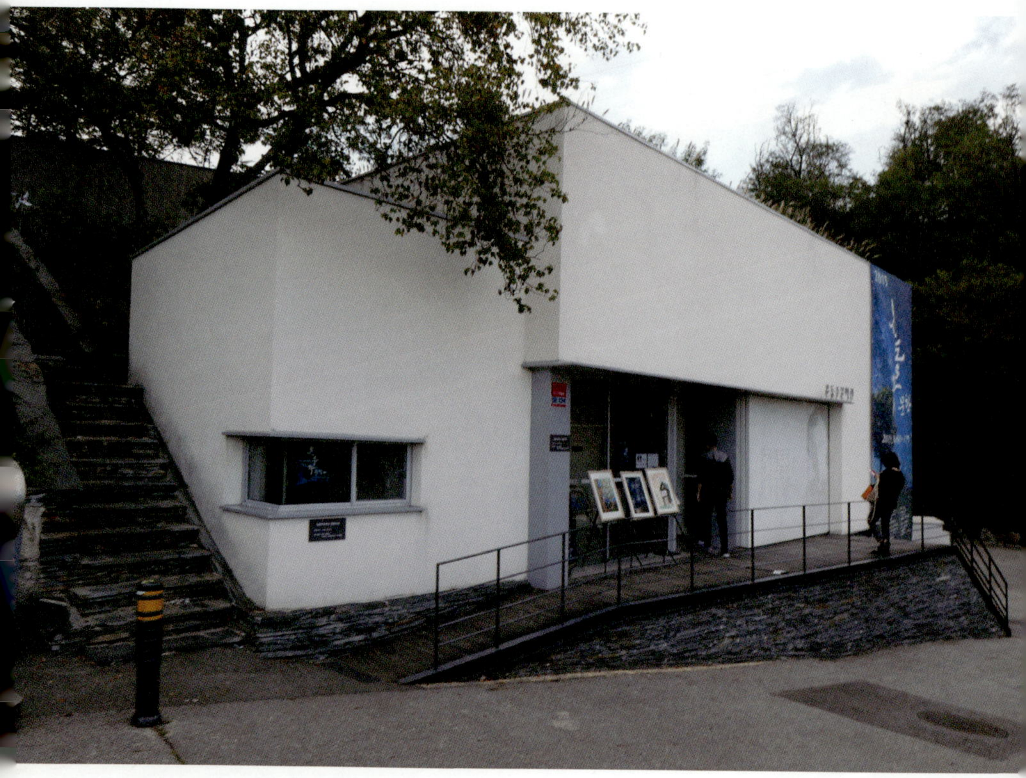

03

창의문

기본 정보
주소 서울특별시 종로구 창의문로 118
전화 한국문화재재단 02-730-9924

요금&시간
관람 시간 (3월~10월) 09:00~18:00,
(11월~2월) 10:00~16:00
휴무일 연중무휴
입장료 무료

04

자하손만두

기본 정보

주소 서울 종로구 백석동길 12
전화 02-379-2648

메뉴&시간

물만두 7,000원, 편수 11,000원,
찐만두 11,000원, 김치만두 11,000원,
만둣국 12,000원, 떡만둣국 12,000원,
만두전골(2인) 37,000원
영업시간 11:00~21:30
휴무일 구정, 추석 당일

산모퉁이

기본 정보

주소 서울 종로구 백석동길 153
전화 02-391-4737

메뉴&시간

에스프레소 7,000원, 카푸치노 8,000원,
아메리카노 7,000원, 아메리카노 리필 3,000원,
얼그레이 8,000원, 유자차 8,000원,
밀크티 8,000원, 레모네이드 9,000원,
아이스 1,000원 추가
영업시간 11:00~22:00
휴무일 연중무휴

삼청동 투어

국립현대미술관 서울관을 목적지로 삼아 삼청동투어에 나서 보는 것은 어떨까요? 경복궁 우측 삼청동 입구에는 2013년 11월 오픈한 국립현대미술관 서울관이 위치하고 있습니다. 과천의 본관, 덕수궁관에 이어 세 번째로 설립된 국립현대미술관 서울관은 일상 속의 미술관을 지향하고 있습니다. 현대미술관 서울관은 일반적으로 보아왔던 대규모의 위압적인 미술관이 아닙니다. 공간을 여러 개의 매스로 나누고 매스 사면에 다양한 표현을 하였으며, 유기적으로 마당과 연결되어 있어 미술품과 건축 그리고 마당이 적극적으로 소통하는 미술관입니다.

삼청동에 가셨으니 차와 식사도 함께 하는 것이 좋겠지요? 그래서 미술관과 함께 카페와 식당 2곳을 추천합니다. 먼저 진선북카페는 미술관에서 도보로 5분 거리에 위치하고 있으며, 실내가 넓고 분위기가 깔끔합니다.

국제갤러리 내에 위치한 더레스토랑은 음료 하나의 값이 만 원을 넘지만, 퀄리티에서만큼은 삼청동 최고입니다. 음료와 빙수류를 비롯하여 1층 카페에서 간단한 식사도 가능합니다. 황생가칼국수는 삼청동에서 가장 오랜 역사와 인지도를 지니고 있습니다. 진한 국물의 칼국수와 속이 가득 찬 만두는 삼청동의 명물로, 식사 시간 가장 많은 분들이 찾는 삼청동 식당입니다. 삼청동에서의 독특한 식사를 원하시는 분들은 삼청로를 조금 올라가 30년 전통의 홍합밥 전문점 청수정을 찾아가 보십시오. 고소한 홍합과 밥의 조화가 참 절묘한 결과를 가져온답니다.

01

국립현대
미술관
서울관

기본 정보

주소 서울특별시 종로구 삼청로 30
전화 02-3701-9500

요금&시간

관람 시간 수요일/토요일 10:00~21:00,
화요일/목요일/금요일/일요일 10:00~18:00
휴관일 매주 월요일, 신정
통합 입장권 4,000원
주차장 08:00~23:00,
승용차 최초 1시간 2,000원, 15분 초과 시 500원,
전시, 편의시설 이용 시 1시간 할인

02

진선북카페

기본 정보
주소 서울특별시 종로구 삼청로 59
전화 02-737-5977

메뉴&시간
에스프레소 3,300원, 아메리카노 3,800원,
카페라테 4,300원, 캐러멜마키아토 5,500원,
아포가토 6,000원, 그린티/밀크/곡물라테 5,300원,
핫초코 5,000원, 에이드 5,500원, 아이스 500원 추가,
망고/키위/유자스무디 5,800원, 요거트스무디 5,800원,
모카/캐러멜프라푸치노 5,800원
영업시간 10:00～21:00
휴무일 매주 월요일

03

더레스토랑
[국제갤러리]

기본 정보

주소 서울특별시 종로구 삼청로 54
전화 02-735-8441

메뉴&시간

에스프레소 5,500원, 아메리카노 6,600원,
바닐라라테 7,700원, 카페비엔나 7,700원,
수마트라 만델린 8,800원, 과타멜라 안티구아 8,800원,
홍차 7,700원, 허브티 7,700원,
로열밀크 8,800원, 트리플 시트러스 11,000원,
야미야미스무디 13,200원, 망고빙수 18,700원,
베리빙수 17,600원, 밀크티빙수 11,000원,
오리지널그린샐러드 14,300원, 새우루꼴라피자 33,000원
영업시간 카페 10:00~23:00,
(레스토랑) 점심 12:00~15:00, 저녁 18:00~22:00
휴무일 연중무휴

04 청수정

기본 정보

주소 서울특별시 종로구 삼청로 91
전화 02-738-8288

메뉴&시간

홍합밥정식(2인 이상) 18,000원,
홍합비빔밥 12,000원, 홍합밥도시락 8,000원,
산채비빔밥 7,000원, 불고기덮밥 7,000원,
추가 홍합공기밥 3,000원, 공기밥 1,000원,
뽈데기찜 (소)30,000원, (대)40,000원,
불고기 20,000원, 해물파전 10,000원
영업시간 11:00~21:00
휴무일 연중무휴

05 황생가칼국수

기본 정보

주소 서울특별시 종로구 북촌로5길 78
전화 02-739-6334

메뉴&시간

사골칼국수 8,000원, 왕만두 8,000원,
왕만둣국 8,000원, 버섯전골(2인 이상) 14,000원,
모둠전 (중)25,000원, (대)35,000원,
보쌈 (중)28,000원, (대)38,000원,
수육 (중)33,000원, (대)43,000원
영업시간 11:00~21:30
주문 마감 20:40까지
휴무일 구정, 추석 연휴

이태원 투어

이태원의 시작점에 위치한 리움은 개관 초기부터 이목을 집중시켰습니다. 먼저 보유하고 있는 미술품에 대한 리스트를 공개한 적이 없어 과연 어떤 작품을 소장하고 있을지에 대한 궁금증이 많았습니다. 리움 개관 시 국보와 보물을 포함하여 15,000여 점의 희소성 높은 문화재를 공개하였고 이후 주기적으로 작품을 교체하며 전시하고 있다고 합니다. 또 하나 특별한 점은 한 명도 아닌 세 명의 세계적인 건축가가 미술관 설계를 담당했다는 사실이었습니다. 먼저 기획전시실은 혁신디자인의 선두주자인 네덜란드의 렘 콜하스가 담당하였으며 뮤지엄1은 강남교보타워를 설계한 스위스의 마리오 보타가, 뮤지엄2는 빛의 건축가로 유명한 프랑스의 장누벨이 담당하였습니다.

이태원에서의 식사로는 타이 음식 전문점인 마이타이와 그리스 가정식 전문점인 산토리니, 브런치 전문점 7ATE9을 소개해 드리니 방문 시간과 취향에 맞추어 선택하시기 바랍니다. 이태원에는 수많은 카페가 저마다 독특한 색을 가지고 있어 어느 곳을 선택하셔도 좋습니다. 하지만 그중에서도 타르틴에는 수십 가지의 파이와 독특한 음료들이 기다리고 있습니다. 더군다나 타르틴을 찾아 가는 길에는 이태원의 볼거리까지 듬뿍 담겨 있답니다. 이태원의 전망 좋은 카페를 찾으신다면 3section이 모범답안이 될 듯합니다.

리움

기본 정보

주소 서울특별시 용산구 이태원로55길 60-16
전화 02-2014-6900~1

요금&시간

관람 시간 10:30~18:00
휴관일 매주 월요일, 신정, 구정, 추석 당일
상설전시 요금
일반 10,000원, 청소년 6,000원,
경로/장애인 5,000원, 디지털가이드 2,000원
기획전시 요금
일반 8,000원, 청소년 5,000원,
경로/장애인 4,000원, 디지털가이드 1,000원

02

이태원거리
+경리단길

기본 정보

주소 서울특별시 용산구 이태원로~회나무로 일대

전화 이태원관광안내소 02-794-5579

요금&시간

관람 시간 24시간

휴무일 연중무휴

입장료 무료

용산구청 주차장

운영시간 07:00~22:00

주차료 최초 30분 1,000원, 초과 5분당 250원

*주말/공휴일 용산구 소재 당일 구매,

영수증 제출 시 2시간 무료주차 후 추가 50% 할인

03

마이타이

기본 정보

주소 서울특별시 용산구 이태원로 183-4
전화 02-794-8090

메뉴&시간

쏨땀가이 19,000원, 얌운센 18,000원,
똠양꿍 19,000원, 가이쌈로드 20,000원,
푸팟퐁커리 29,000원, 그린커리 19,000원,
팟카파오누아 19,000원, 호이라이팟 20,000원,
팟타이 16,000원, 타이비프누들 16,000원,
똠양누들 17,000원
영업시간 12:00~22:00
주문 마감 21:00까지
브레이크 타임 15:30~17:00
휴무일 매주 월요일

04

산토리니

기본 정보

주소 서울특별시 용산구 이태원로27가길 43

전화 02-790-3474

메뉴&시간

기로스 삐따브래드, 22,000원 새우사가나끼 17,000원,
폭/치킨수블라끼 22,000원,
새우수블라끼 23,000원, 그릴치킨 22,000원,
치즈햄버거스테이크 23,000원,
무사까 23,000원, 시금치파이 9,000원,
음료 4,000원~7,000원

영업시간 12:00~22:00

휴무일 연중무휴

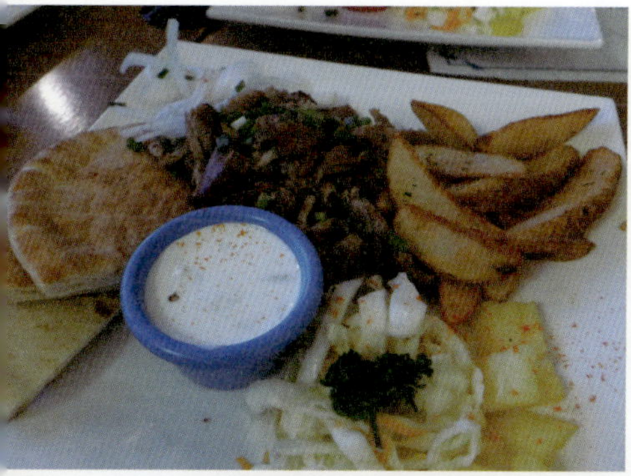

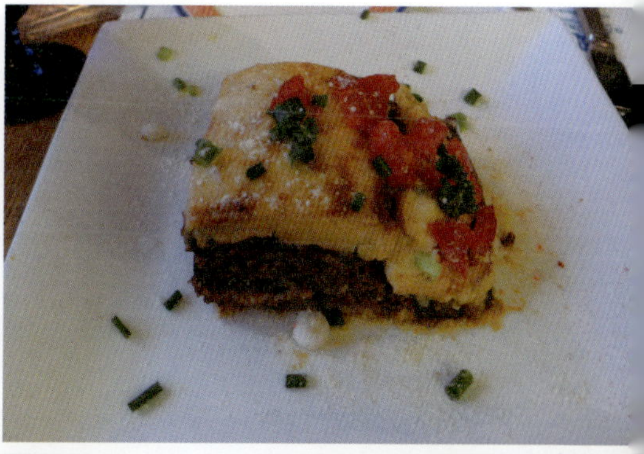

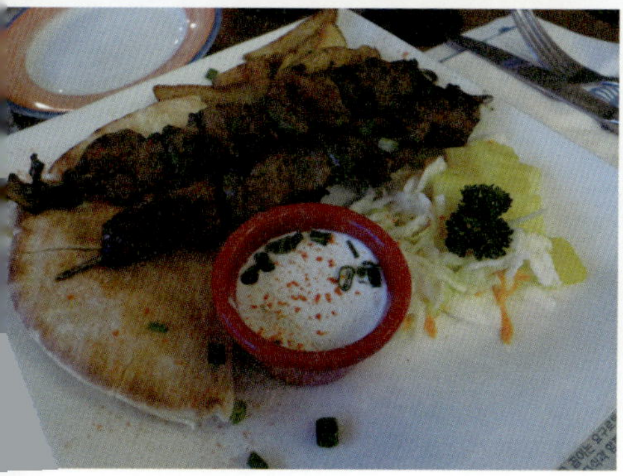

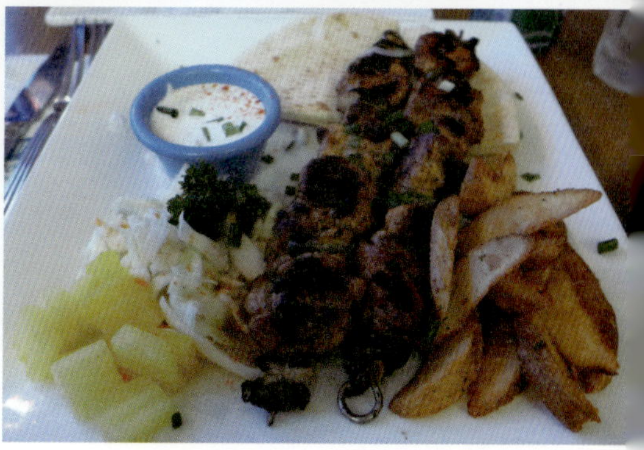

타르틴

기본 정보
주소 서울특별시 용산구 이태원로23길 4
전화 02-3785-3400

메뉴&시간
와일드베리파이 7,800원,
블루베리파이 7,800원, 피칸파이 7,800원,
버터타르트 7,800원, 파라다이스파이 8,300원,
라임라이트 세레나데 5,800원,
초콜릿알래스카쉐이크 7,700원,
아메리카노 4,100원, 에스프레소 4,100원
영업시간 (본점) 주중 10:00~22:30,
(2호점) 주중 11:00~22:30, 주말 09:00~22:30
휴무일 연중무휴

06

3section

기본 정보
주소 서울특별시 용산구 녹사평대로40길 42
전화 02-793-3363

메뉴&시간
에스프레소 5,000원,
아메리카노 5,500원, 카페라테 6,000원,
카푸치노 6,000원, 캐러멜마키아토 6,500원,
바닐라라테 6,500원, 사케라또 8,000원,
아이스 500원 추가,
감자튀김 8,000원, 새우감바스 14,000원,
연어카르파쵸 15,000원, 안심타타끼 25,000원
영업시간 12:00~익일 03:00
휴무일 연중무휴

07

7ATE9

주소 서울특별시 용산구 신흥로7길 1

전화 02-792-0789

메뉴&시간

팬케이크 12,000원, 에그베네딕트 14,000원,
7ATE9 브렉퍼스트 15,000원, 뉴욕오믈렛 15,000원,
그린커리파스타 17,000원,
바질페스토새우 오일파스타 16,000원,
태국식 매콤한 치킨파스타 15,000원, 버섯리조또 14,000원,
아메리카노 4,000원, 카푸치노 5,500원,
드래프트맥주 4,000원, 스무디 6,000원

영업시간 평일 11:30~22:00, 주말 11:30~24:00

휴무일 매주 월요일

08

한국이슬람교 서울중앙성원
[우사단길]

기본 정보

주소 서울특별시 용산구 우사단로10길 이슬람사원 일대
전화 02-793-6908

요금&시간

관람 시간 24시간
휴무일 연중무휴
입장료 무료

여름여행

해수욕장 추천 7선

누구나 마음속에 그리고 있는 청정하고 아름다운 해변이 있을 것입니다. 하지만 그런 곳을 막상 선택하려고 해도 필요한 정보를 얻기가 쉽지만은 않을 것입니다. 그래서 준비한 특집이 해수욕장 추천 7선입니다. 물론 해수욕장마다 고유의 특징이 있고, 어떤 분들과 어떠한 추억을 만들었느냐에 따라 우선시하는 해변이 다를 것입니다. 지주여에서도 나름대로의 기준을 정하여 순위를 매겨 보았습니다.

1. 모래가 고운 해변
2. 물의 깊이가 적당하고, 경사도가 낮아 아이들이 물놀이하기 좋은 곳
3. 모래사장의 너비가 50m 이상인 곳으로, 여유 있는 물놀이가 가능한 곳

이번에 추천하는 해변은 나름대로 많이 알려져 있어 찾는 분들이 많은 곳도 있으나 대부분 해변의 구성과 깨끗함에 비하여 찾는 분들이 적어 본연의 모습을 잘 느껴 볼 수 있는 해변들입니다. 여름 바캉스라 하여 북적거리는 곳만 찾을 것이 아니라 이번에는 조금은 조용한 바다를 찾아 감수성에 빠져 보는 것은 어떨까요?

01

송지호
해수욕장
[고성]

기본 정보

주소 강원도 고성군 죽왕면 8

전화 033-632-0301

요금&시간

개장 시기 7월 10일~8월 17일

입장료 무료

주차료 소형 5,000원, 대형 10,000원

샤워장 대인 2,500원, 소인 1,500원

02

표선해비치 해수욕장
[서귀포]

기본 정보

주소 제주특별자치도 서귀포시 표선면 표선리 표선해비치해변

전화 064-760-4476

요금&시간

개장 시기 7월 1일~ 8월 31일, 10:00~19:00

입장료 무료

주차료 무료

샤워장 2,000원

상주은모래
해수욕장
[남해]

기본 정보

주소 경상남도 남해군 상주면 상주로 17-4

전화 1588-3415

요금&시간

개장 시기 7월 1일~8월 31일, 10:00~19:00

입장료 무료

주차료 무료

샤워장 2,000원

옥계해수욕장
[강릉]

기본 정보

주소 강원도 강릉시 옥계면 금진리 105-10
전화 033-660-3627

요금&시간

개장 시기 7월 10일~8월 23일, 09:00~18:00
입장료 무료
주차료 무료
샤워장 대인 2,000원, 소인 1,000원

망상해수욕장
[동해]

기본 정보
주소 강원도 동해시 동해대로 6270-10
전화 033-530-2799

요금&시간
개장 시기 7월 10일~8월 21일
입장료 무료
주차료 무료
샤워장 대인 2,000원, 소인 1,000원

06

송호해수욕장
[해남]

기본 정보

주소 전라남도 해남군 송지면 땅끝해안로 1827
전화 해남군 관광안내소 061-532-1330

요금&시간

개장 시기 7월 10일~8월 16일, 09:00~19:00
입장료 무료
주차료 무료(성수기 2,000원)
샤워장 대인 1,500원, 소인 1,000원

07

구시포해수욕장
[고창]

기본 정보

주소 전라북도 고창군 상하면 진암구시포로 545
전화 고창군청 문화관광과 063-560-2456

요금&시간

개장 시기 7월 2일~8월 23일, 09:00~19:30
입장료 무료
주차료 무료
샤워장 대인 2,000원, 소인 1,000원

해수욕장 특선
[강릉 남항진해변]

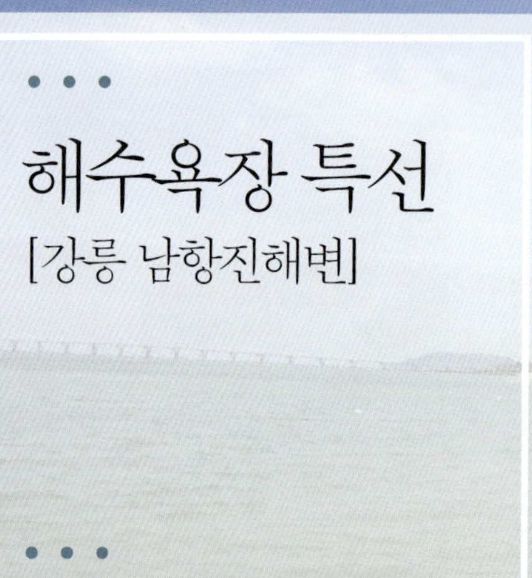

1 강릉 남항진해변

여름 바캉스 계획을 세우고 계신 분들께 지주여 특선 해수욕장 한 곳을 추천하려고 합니다. 바로 강릉의 남항진이란 해변입니다. 강릉 하면 좀 안다고 하시는 분들도 남항진해변은 잘 모르시는 경우가 많을 것입니다. 하지만 지주여에서는 이번 여름 바캉스여행을 바로 강릉의 남항진해변으로 다녀왔답니다.

저희가 1년에 한번뿐인 바캉스여행지로 남항진을 선택한 이유는 무엇일까요? 그것은 바로 바캉스 여행지에서 누구나 원하는 요소들이 남항진에 모두 담겨 있기 때문입니다.

1. 극성수기임에도 한적함이 있어야 함
2. 한적한 해변임에도 다양한 시설을 갖추고 있어야 함
3. 짐이 많은 바캉스여행의 특징을 고려해 주차한 장소에서부터 해변까지 단숨에 갈 수 있어야 함
4. 주변으로 맛집, 볼거리, 경관까지 수려해야 함
5. 아이들을 위한 수영장과 같이 뭔가 특별함이 있어야 함
6. 물이 얕고 고운 모래의 백사장이 넓어야 함

해수욕장의 6가지 조건 중에서 남항진은 1~5까지는 완벽에 가깝게 커버하고 있습니다. 6번 고운모래의 해변이라는 점이 조금 미흡하기는 합니다만 강릉은 천년의 고도인 만큼 볼거리, 먹거리가 풍성하며 10여 곳이 넘는 해수욕장과 드라이브 코스까지 갖추고 있는 진정한 여행의 도시랍니다. 황금연휴 계획을 세우고 계신 분들께 강릉의 남항진을 강력 추천합니다.

전국
아쿠아리움
탐방

단양 다누리 아쿠아리움은 단양군에서 운영하는 아쿠아리움으로 입장료는 8천 원입니다. 다른 지역의 아쿠아리움에 비하여 규모가 작은 것 같지만 시설이 크게 뒤지지는 않습니다. 규모를 갖춘 전면 대형 수조를 비롯하여 전 세계 희귀 물고기들을 볼 수 있고 체험의 공간까지 마련되어 있습니다.

아쿠아플라넷 여수는 여수 엑스포와 함께 조성되어 엑스포의 후광을 그대로 함께 누릴 수 있다는 것이 최대의 장점입니다. 워낙 대규모로 조성되어 아쿠아리움 내부에는 다양한 시설과 전망대, 카페 등 부대시설이 잘 마련되어 있습니다.

아쿠아플라넷 제주는 몇 년 전 섭지코지 앞으로 아쿠아플라넷이 오픈하며 성산포를 한결 다양한 여행지로 만들어주었습니다. 대규모 시설과 주변 경관까지 빼놓을 것이 없지만 역시나 가격은 비싼 편입니다. 여수와 비교할 때 주변 경관은 우수하지만 규모와 부대시설 면에서는 부족합니다.

SEA LIFE 부산 아쿠아리움은 해운대해수욕장의 백사장이 시작되는 지점에 바로 위치하고 있습니다. 수족관 관람과 해수욕이 그대로 연결된다는 점은 그 어느 곳에서도 찾기 어려운 장점일 것입니다. 내부 시설에 있어서는 가격에 비하여 특별한 점을 찾기는 어렵지만 매직쇼를 비롯한 체험 시설을 갖추고 있습니다.

경포 아쿠아리움은 가장 최근에 오픈한 아쿠아리움으로 석호 생태관으로 시작된 시설이 결국에는 아쿠아리움으로 문을 열게 되었다고 합니다. 그 때문인지 수족관의 규모는 작은 편에 속하지만 바다와 연관된 주변 시설이 계속 확충될 것으로 예상됩니다.

단양 다누리 아쿠아리움

기본 정보
주소 충청북도 단양군 단양읍 수변로 111
전화 043-423-4235

요금&시간
관람 시간
(3월~11월) 09:00~18:00,
(12월~2월) 09:00~17:00(주말/공휴일 1시간 연장)
관광 성수기 09:00~21:00
휴무일 매주 월요일
입장료 (단체 20인 이상)
[개인] 대인 8,000원, 청소년 6,000원,
어린이/65세 이상 5,000원
[단체] 대인 6,000원, 청소년 4,000원,
어린이/65세 이상 3,000원
[무료] 관람 6세 미만
주차료 10분당 200원, 아쿠아리움 이용 시 50% 감면

아쿠아플라넷 여수

기본 정보

주소 전라남도 여수시 오동도로 61-11
전화 061-660-1111

요금&시간

관람 시간 10:00~19:00
휴무일 연중무휴
입장료 (단체 20인 이상)

아쿠아리움

[개인] 성인 21,000원, 청소년 19,000원, 어린이 17,000원
[단체] 성인 18,000원, 청소년 17,000원, 어린이 15,000원

박물관은 살아있다

[개인] 성인 9,000원, 청소년 8,000원, 어린이 7,000원
[단체] 성인 6,500원, 청소년 5,500원, 어린이 4,500원
주차료 30분 미만 무료, 30분~1시간 1,000원

아쿠아플라넷 제주

기본 정보

주소 제주특별자치도 서귀포시 성산읍 섭지코지로 95

전화 064-780-0900

요금&시간

관람 시간

아쿠아리움/마린사이언스 10:00~19:00,
오션아레나 11:10, 13:00, 15:00, 17:00

휴무일 연중무휴

종합권 입장료 (단체 20인 이상)

[개인] 성인 39,200원, 청소년 37,500원, 어린이 35,600원

[단체] 성인 33,300원, 청소년 31,900원, 어린이 30,300원

(아쿠아리움+오션아레나+마린사이언스 관람 가능)

*제휴카드 약 20~30% 할인 적용

04

SEA LIFE
부산아쿠아리움

기본 정보
주소 부산광역시 해운대구 해운대해변로 266
전화 051-740-1700

요금&시간
관람 시간 월요일~목요일 10:00~20:00,
금요일~일요일/공휴일 09:00~ 22:00
입장 마감 폐장 1시간 전까지
휴무일 연중무휴
입장료 13세~성인 25,000원, 장애인 19,000원,
만 3세~12세 19,000원, 장애인 13,000원
주차료 아쿠아리움 관람 시 1시간 무료,
여름 성수기 시즌(7월~8월)에는 주차 요금 변경

05

경포 아쿠아리움

기본 정보
주소 강원도 강릉시 난설헌로 131
전화 033-645-7887

소규모
워터파크[스파]
대전

꼭 여름이 아니어도 워터파크를 찾고자 하시는 분들 많으시죠? 전국적으로 워터파크라는 이름을 가진 물놀이 시설은 모두 3가지 종류로 나눌 수 있습니다.

1. 대규모 워터파크(전국 10여 곳)

2. 소규모 워터파크+스파(전국 30여 곳)

3. 일반 수영장(셀 수 없음)

먼저 대규모 워터파크는 서울, 용인, 홍천, 경주, 김해, 등지에 있으며, 언제 방문하여도 인파에 휩쓸려 다닐 것이 분명한 곳들입니다. 소규모 워터파크는 약간 협소한 규모이기는 하지만 워터파크인 것은 분명한 곳들로, 리조트 체인, 스파 부속시설 등으로 구분할 수 있습니다. 이번에 다루려는 컨셉이 바로 이런 '약간 애매한 워터파크'들입니다.

먼저 리조트 체인의 부속 워터파크 및 파라다이스스파를 비롯하여 테르메덴처럼 소규모지만 사람들이 너무 몰리는 곳들은 제외하고 많이 가 보지 않으셨을 만한 물놀이 시설들로만 묶어 보았습니다. 이번에 소개하는 곳들은 여행지에서 놓치기 쉬우며 덜 붐비면서도 시설이 괜찮은 워터파크들로 대규모 워터파크에 비하여 가격도 저렴한 곳들입니다.

01

소백산
풍기온천
[영주]

기본 정보

주소 경상북도 영주시 풍기읍 죽령로 1400
전화 054-604-1700

요금&시간

운영 시간 온천 06:00~20:00, 스파 실내 10:00~18:00
휴장일 연중무휴(온천),
스파(워터파크) 운영 매년 7월 중순~8월 하순까지
입장료
[온천] 대인 8,000원, 소인 5,000원, 경로 7,000원
[스파(워터파크)] 대인 30,000원,
소인 15,000원, 경로 25,000원

02

신북온천
스프링풀 [포천]

기본 정보
주소 경기도 포천시 신북면 청신로 571
전화 031-536-5025

요금&시간
2015년 9월 18일 기준
운영 시간 [온천] 07:00~19:00
[실내 바데풀] 하계 07:00~18:00, 동계 09:00~18:00
입장료(자유이용권)
[9월 17일~11월 30일]
(주중) 대인 24,000원, 소인 17,000원,
(주말) 대인 27,000원, 소인 19,000원
[12월 1일~다음해 3월 31일]
(주중) 대인 26,000원, 소인 18,000원,
(주말) 대인 29,000원, 소인 20,000원
온천권(사우나, 노천탕) 대인 9,000원, 소인 7,000원
웰빙권(사우나, 찜질방) 대인 12,000원, 소인 9,000원

롯데리조트
부여
아쿠아가든
[부여]

기본 정보
주소 충청남도 부여군 규암면 백제문로 400
전화 041-939-1135

요금&시간
운영 시간 주중 10:00~18:00, 주말/공휴일 09:00~20:00
정기휴일 매월 2, 4주 수요일, 마지막 주 월요일
입장료
[주중] 대인 30,000원, 소인 22,000원
[주말] 대인 34,000원, 소인 26,000원
*객실 투숙객 30% 할인

04

동강시스타
힐링스파
[영월]

기본 정보
주소 강원도 영월군 영월읍 사지막길 160
전화 033-905-2900

요금&시간
운영 시간 아쿠아존 09:00~18:00, 사우나 09:00~18:00
휴장일 매주 월요일, 화요일
실내 스파(오후권 13:00 이후)
[종일권] 대인 34,000원, 소인 27,000원
[오후권] 대인 27,000원, 소인 21,000원
[사우나] 대인 10,000원, 소인 8,000원

05

STX리조트 스파 산토리니
[문경]

기본 정보
주소 경상북도 문경시 농암면 청화로 509
전화 054-460-5255

요금&시간
운영 시간 일요일~목요일 07:00~21:00,
금요일~토요일 06:30~21:00
휴장일 매월 1, 3주 월요일
입장료 대인 13,000원, 소인 9,000원
*수영복 2,000원, 운동복 2,000원

06

석정온천휴스파
[고창]

기본 정보
주소 전라북도 고창군 고창읍 석정2로 173
전화 063-560-7500

요금&시간
운영 시간 온천 06:00~21:00, 스파 10:00~19:00
야외 스파 6월 5일~9월 14일
입장료 온천 대인 10,000원, 소인 7,500원
온천+스파
(7월 4일~9월 6일) 대인 34,000원, 소인 28,000원,
(9월 7일~12월 18일) 대인 20,000원, 소인 15,000원
*날짜에 따라 시즌 가격 변동

오션700 [평창]

기본 정보
주소 강원도 평창군 대관령면 솔봉로 325
전화 033-339-0100

요금&시간
2015년 9월 18일 기준
운영 시간 [주중] 종일 12:00〜18:00,
[일요일] 종일 12:00〜18:00, 오후 14:00〜18:00,
[토요일/공휴일] 종일 10:00〜20:00, 오후 14:00〜20:00,
야간 17:00〜20:00
정기휴일 매주 월요일, 화요일
입장권(2015년 9월 1일〜12월 11일)
[주중] (종일권) 대인 43,000원, 소인 33,000원
[일요일] (종일권) 대인 45,000원, 소인 35,000원,
(오후권) 대인 40,000원, 소인 30,000원
[토요일/공휴일] (종일권) 대인 50,000원, 소인 40,000원,
(오후권) 대인 45,000원, 소인 35,000원,
(야간권) 대인 35,000원, 소인 25,000원

가을여행

유명 고찰도 돌아보고 한적한 산길도 걸으며 조용히 자신만의 시간을 가질 수 있는 가을여행을 생각하신다면 역사의 중요 장소로서 가치가 있는 천주교 순교 성지로 떠나 보는 것은 어떨까요?

조선 말 천주교는 종교의 의미보다 모든 사람이 평등하다는 가치에 의하여 받아들여진 사상입니다. 우리나라처럼 천주교가 자발적으로 받아들여진 것은 전 세계적으로 유례를 찾기 힘든 사례라고 합니다. 그만큼 당시의 백성들이 원하던 것이 바로 평등이었을 것입니다.

이번에 소개할 성지들은 대규모 박해가 있던 곳들입니다. 천주교를 떠나 우리 역사에서 큰 의미를 가지고 있는 곳들입니다. 수천, 수만 명의 신자들이 자유와 평등을 위해 순교하였던 의미 있는 장소들입니다. 어찌 보면 그분들의 순교가 지금 우리가 누리고 있는 자유의 밑바탕이기도 합니다. 특히, 배론성지의 경우 우리나라 최초의 신학교가 있었으며, 바티칸 중요 유물 중 하나인 황사영백서가 쓰인 곳이기도 합니다.

모든 성지에는 기념 성당이 들어서 있습니다. 건물 하나하나가 뛰어난 작품으로 성지투어에 또 다른 의미를 부여해줍니다.

01

순교성지
갈매못

주소 충청남도 보령시 오천면 오천해안로 610
전화 041-932-1311

요금&시간

개방 시간 (3월~10월) 09:00~18:00,
(11월~2월) 09:00~17:30
휴무일 연중무휴
입장료 무료
주차료 무료
미사 안내 일요일 08:00, 11:30,
(순례미사) 화요일~토요일 11:30

02

갑곶순교성지

기본 정보

주소 인천광역시 강화군 강화읍 해안동로1366번길 35
전화 032-933-1525

요금&시간

개방 시간 09:00~17:00
휴무일 매주 월요일
입장료 무료
주차료 무료
미사 안내 화요일~일요일 11:00

배론성지

기본 정보
주소 충청북도 제천시 봉양읍 배론성지길 296
전화 043-651-4527

요금&시간
개방 시간 (3월~10월) 09:00~18:00,
(11월~2월) 09:00~17:30
휴무일 연중무휴
입장료 무료
주차료 무료
미사 안내 순례자 미사 매일 11:30

04

남양성모성지

기본 정보
주소 경기도 화성시 남양성지로 112
전화 031-356-5880
요금&시간
개방 시간 09:00~18:00
휴무일 연중무휴
입장료 무료
주차료 무료
미사 안내 화요일~일요일 11:00

해미순교성지

기본 정보
주소 충청남도 서산시 해미면 성지1로 13
전화 041-688-3183

요금&시간
개방 시간 09:00~18:00
휴무일 연중무휴
입장료 무료
주차료 무료
미사 안내 일요일 11:00,
화요일~토요일 11:00

절두산순교성지

기본 정보
주소 서울특별시 마포구 토정로 6
전화 02-3142-4434

요금&시간
개방 시간 09:30~17:00
휴무일 연중무휴

박물관/체험관
관람 시간 09:30~17:00
휴무일 매주 월요일
관람료 무료
주차료 무료
미사 안내 매일 10:00, 15:00

가을여행 1
[봉화 편]

입추와 처서를 지나고 나면 어느덧 가을여행을 준비해야 합니다. 여름여행으로 바다를 선택하셨다면 가을 산행으로 봉화는 어떨까요? 산의 정상만을 쫓아 올라가는 고행이 아니라 산을 품고 있는 고장을 두루두루 돌아보며 전체를 이해할 수 있는 힐링여행으로 가장 좋은 고장입니다. 봉화의 청량산 하면 산을 많이 다녀보신 등산 전문가들은 엄지손가락을 들어 올릴 것입니다. 하지만 봉화는 청량산뿐만 아니라 드라마 〈동이〉를 비롯한 수많은 영화의 배경이었던 달실마을과 청암정이 위치해 있는 전통의 고장입니다. 또한, 우리가 금강송이라고 하는 춘양목, 소나무의 고향이기도 합니다. 춘양목이라는 말도 봉화의 춘양역이 금강송의 집결지였기 때문에 그렇게 부르게 되었다고 합니다.

봉화는 국내 3대 송이버섯의 산지로 매년 10월 첫째 주에 송이축제를 엽니다. 이 기간에 방문하시면 송이를 값싸게 구매할 수 있답니다.

마지막으로 청량산은 아름답기도 하지만 험하기로도 유명합니다. 청량산의 하늘다리를 꼭 목표점으로 삼지 않는다고 해도 괜찮습니다. 이번에는 하늘다리가 아니라 청량사를 목표로 삼아 봉화여행의 일부를 채워 보시면 어떨까 싶습니다.

봉화달실마을 +청암정

기본 정보
주소 경상북도 봉화군 봉화읍 충재길 44
전화 054-674-0963

요금&시간
관람 시간 08:00~18:00
휴무일 연중무휴
*청암정은 외부 관람만 가능
관람료 무료
주차료 무료
청암정과 석천계곡 명승 제60호

02

용두식당

기본 정보

주소 경상북도 봉화군 봉성면 다덕로 526-4
전화 054-673-3144

메뉴&시간

송이돌솥밥 20,000원, 송이구이(1인) 50,000원,
송이전골(2인 이상) 25,000원, 능이돌솥밥 15,000원,
능이전골 20,000원, 능이구이(1인) 40,000원,
송이된장정식 10,000원, 영양돌솥밥정식 10,000원
영업시간 10:00~21:00
휴무일 구정, 추석 당일

03

봉화목재 문화체험장

기본 정보

주소 경상북도 봉화군 봉성면 구절로 151
전화 054-674-3363

요금&시간

관람 시간 (3월~10월) 09:00 ~18:00, (11월~2월) 09:00~17:00
휴무일 매주 월요일, 법정공휴일 다음 날
관람료 무료
주차료 무료
체험료 제품별 별도

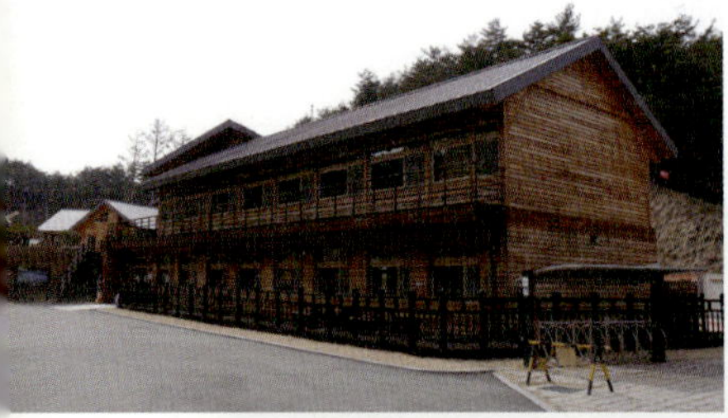

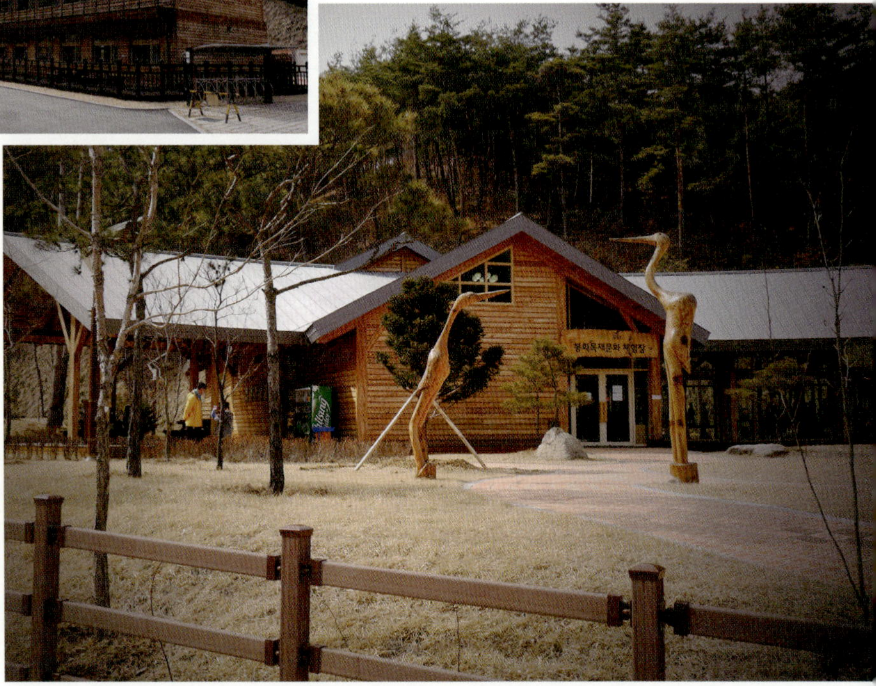

청량사

기본 정보

주소 경상북도 봉화군 명호면 청량로 255
전화 054-672-1446

요금&시간

관람 시간 24시간
휴무일 연중무휴
관람료 무료
주차료 무료
청량사유리보전 경상북도 유형문화재 제47호

오시오
숯불식육식당

기본 정보

주소 경상북도 봉화군 명호면 광석길 46-37
전화 054-673-9012

메뉴&시간

돼지숯불구이 9,000원, 한우등심 20,000원,
삼겹살 10,000원, 냉면 6,000원
영업시간 08:00~20:00
휴무일 연중무휴

가을여행 2
[순천 편]

순천은 가을여행에 최적화된 도시입니다. 우선 삼보사찰 중 하나인 송광사를 기점으로 세계 5대 자연습지인 순천만을 거치면 그 이유를 알게 될 것입니다.

송광사는 16명의 국사를 배출한 승보사찰로 국사전을 비롯한 국보 3점, 보물 16점을 소장하고 있는 우리나라 최고의 사찰입니다. 전각들은 독특하게도 화엄경 '화엄일승법계도'의 '卍'자에 따라 배치되어 있으며 일반적인 사찰과 다르게 일주문에서 일관되게 이어지던 흐름이 경내의 시작인 우화각에서 계곡을 직각으로 꺾어 들어오게 하여 극대화된 풍경을 선사합니다.

순천만은 물질만능주의로 숨 막히는 도심에서 한 번쯤 홀가분히 떠나고자 하시는 분들에게 가치 있는 장소입니다. 입구에 서면 순간적으로 나타나는 습지와 갈대밭의 데크를 따라 걷다 보면 자신을 뒤돌아보는 시간을 갖게 될 것입니다.

순천은 산사와 갈대밭의 임팩트가 워낙 강하기 때문에 1박 여행으로도 충분할 것입니다. 가을여행에서는 여기저기 많은 곳을 다니는 것보다는 여유를 가지고 한 장소에서 최대한 오래 머무는 것이 좋답니다. 하지만 2박의 여정으로 떠나려는 분들은 순천에서 하루를 보내고 여수로 내려가 하루를 더 보내는 일정을 계획하셔도 좋습니다.

순천만
자연생태공원

기본 정보

주소 전라남도 순천시 순천만길 513-25

전화 061-749-6052

요금&시간

관람 시간 08:00~일몰 전(계절별 탄력 운영)

휴무일 연중무휴

관람료 (단체 20인 이상)

순천만자연생태공원

[개인] 성인 7,000원, 청소년/군인 5,000원, 어린이 3,000원

[단체] 성인 5,000원, 청소년/군인 4,000원, 어린이 2,500원

순천만정원

[개인] 성인 4,000원, 청소년/군인 3,000원, 어린이 2,000원

[단체] 성인 3,000원, 청소년/군인 2,500원, 어린이 1,500원

통합권(공원+정원)

[개인] 성인 8,000원, 청소년/군인 6,000원, 어린이 4,000원

[단체] 성인 6,000원, 청소년/군인 5,000원, 어린이 3,000원

생태체험선(순천만)

어른 7,000원, 청소년 3,000원, 어린이 2,000원

관람차(순천만정원)

성인/청소년/어린이 3,000원,

3세 미만/65세 이상/장애인 2,000원

주차료 경차 1,000원, 소형차 2,000원, 중형차 3,000원

02

별천지

기본 정보

주소 전라남도 순천시 원용당길 98
전화 061-752-1630, 010-9023-2629

메뉴&시간

백숙 40,000원, 닭도리탕 30,000원,
촌닭구이 40,000원, 돼지목살(600g) 36,000원,
메기탕 (중)35,000원, (대)40,000원,
닭죽 2,000원, 공기밥 1,000원
영업시간 평일 15:00~22:30, 주말 11:00~22:30
휴무일 구정, 추석 전일/당일

03

송광사

기본 정보

주소 전라남도 순천시 송광사안길 100
전화 061-755-0107~9

요금&시간

관람 시간 하절기 06:00~19:00,
동절기 07:00~18:00
휴무일 연중무휴
입장료 (단체 30인 이상)
[개인] 성인 3,000원, 학생 2,000원
[단체] 성인 2,500원, 학생 1,500원
주차료 무료
송광사 사적 제506호
송광사 국사전 국보 제56호
송광사 목조삼존불감 국보 제42호
송광사 약사전 보물 제302호
송광사 영산전 보물 제303호

금광식당

기본 정보

주소 전라남도 순천시 송광사안길 124
전화 061-755-2063

메뉴&시간

산채비빔밥 8,000원, 돌솥비빔밥 8,000원,
더덕정식(2인 이상) 17,000원,
산채정식(2인 이상) 12,000원,
닭도리탕 40,000원, 촌닭 45,000원,
더덕구이 30,000원, 더덕무침 25,000원
영업시간 08:00~20:00
휴무일 연중무휴

절경지
사찰 탐방
6선

마음을 차분히 하여 생각을 정리하고 싶을 때가 간혹 있습니다. 그럴 때에는 망설이지 말고 여행을 떠나 보세요. 생각의 시간을 갖는 여행을 떠날 때 가장 적합한 장소는 바로 절경지에 위치한 산사라 생각합니다. 산사를 찾으면 일관된 흐름과 여운이 있어 마음을 다스릴 만한 충분한 시간과 분위기를 만들어줍니다. 거기다 절경지에 위치하여 극적인 경관까지 선사한다면 더할 나위가 없을 것입니다.

이번에 소개하는 산사들은 모두 흐름과 경관 두 가지를 갖추고 있어 가을 산사를 찾는 분들에게 최고의 가치를 안겨줄 만한 장소들입니다. 전국 3대 해수관음성지라 불리우는 양양 낙산사, 여수 향일암, 남해 보리암과 더불어 부산여행에서 꼭 추천할 만한 장소인 기장의 해동용궁사, 마지막으로 해돋이 명소인 정동진으로 떠날 때에는 등명락가사까지도 놓치지 말고 방문해 보시기 바랍니다. 기존의 여행보다 풍성하고 청정한 여행이 될 것입니다.

낙산사

기본 정보

주소 강원도 양양군 강현면 낙산사로 100
전화 033-672-2447~8

요금&시간

관람 시간 하절기 05:30~18:00,
동절기 05:30~17:00
휴무일 연중무휴
관람료 (단체 30인 이상)
[개인] 어른 3,000원, 청소년 1,500원, 어린이 1,000원
[단체] 어른 2,500원, 청소년 1,000원, 어린이 700원
[무료] 7세 미만, 65세 이상, 조계종 신도증 소지자
주차료 3,000원
낙산사 칠층석탑 보물 제499호
낙산사 건칠관음보살좌상 보물 제1362호
낙산사 해수관음공중사리탑 · 비 및 사리장엄구 일괄
보물 제1723호
낙산사 일원 사적 제495호
낙산사 의상대와 홍련암 명승 제27호

02

향일암

기본 정보

주소 전라남도 여수시 돌산읍 향일암로 60
전화 061-644-4742

요금&시간

관람 시간 24시간
휴무일 연중무휴
관람료 (단체 30명 이상)
[개인] 어른 2,000원, 청소년/군경 1,500원,
어린이 1,000원
[단체] 청소년/군경 1,200원, 어린이 8,00원
주차료 무료
향일암 전라남도 문화재자료 제40호

보리암

기본 정보

주소 경상남도 남해군 상주면 보리암로 665

전화 055-862-6115

요금&시간

관람 시간 24시간

휴무일 연중무휴

관람료 (단체 30명 이상)

[개인] 어른 1,000원, 청소년/어린이 무료

[단체] 어른 800원

주차료 (1,000cc 미만) 2,000원, (1,000cc 이상) 5,000원

주차 문의 한려해상국립공원 055-863-3525

보리암 전라남도 문화재자료 제19호

04

보문사

기본 정보

주소 인천광역시 강화군 삼산면 삼산남로828번길 44
전화 032-933-8271~3

요금&시간

관람 시간 24시간
휴무일 연중무휴
관람료 어른 2,000원, 중고생 1,500원, 초등학생 1,000원
주차료 2,000원
보문사석실 인천광역시 유형문화재 제27호

05

해동용궁사

기본 정보

주소 부산광역시 기장군 기장읍 용궁길 86

전화 051-722-7744

요금&시간

관람 시간 04:00~일몰 시

*약사전과 방생터는 24시간 운영

휴무일 연중무휴

관람료 무료

주차료 승용차 2,000원, 대형버스 5,000원

등명락가사

기본 정보

주소 강원도 강릉시 강동면 율곡로 1505-16
전화 강릉시 종합관광안내소 033-640-4414,
033-1330

요금&시간

관람 시간 07:00~19:30
휴무일 연중무휴
관람료 무료
주차료 무료

여행 계획 세우기

고성 편

전국에서 가장 깨끗하고 청정한 바다는 바로 우리나라 최북단의 끝없는 해안을 간직한 고장 고성이랍니다. 고성의 해변은 여행자의 기대하는 바를 충분히 만족시켜줍니다. 다만, 봉포로 숙박지를 계획 중인 분들은 유의할 사항이 있습니다. 고성에서 숙박지로 가장 많이 찾는 지역은 봉포해수욕장 인근입니다. 막상 숙박지가 모여 있는 봉포의 해안은 생각보다 깨끗하고 넓은 백사장의 해안이 펼쳐져 있지는 않습니다. 그런데 고성에서도 숙소의 80% 이상이 모여 있는 봉포가 가장 낮은 퀄리티의 해안임에도 대부분 그곳에서 고성의 해변을 느끼고 돌아갑니다.

봉포해수욕장은 두 지역으로 구분할 수 있습니다. 펜션 밀집 지역과 봉포항 남쪽으로 켄싱턴 리조트 설악비치 앞으로 펼쳐진 봉포해안로의 봉포해수욕장입니다. 기가 막히게도 펜션 밀집 지역에서 조금만 걸어 봉포항을 지나면, 눈에 보이지 않던 그림 같은 해변이 펼쳐진답니다. 고성에서 기대하던 바다가 바로 그것이죠. 해외에서나 느껴 보았던 고운 모래의 백사장은 바로 봉포에서도 켄싱턴리조트 앞에 위치하고 있습니다.

해변을 충분히 느끼고 나서 무엇인가 부족하다고 생각하시는 분들은 우리나라 북부 지방의 유일한 전통마을인 왕곡마을을 찾아가 보시기 바랍니다. 영남 지방에서 주로 보았던 'ㅁ'자의 전형적인 집들이 아니라 계절과 환경에 맞추어 발전된 관북 지방의 전통가옥과 마을을 그대로 볼 수 있습니다.

봉포해수욕장

기본 정보
주소 강원도 고성군 토성면 토성로 44-12 일대
전화 033-680-3361

요금&시간
일반 해수욕장 06:00~24:00,
마을 관리 해수욕장 06:00~22:00
입장료 무료
주차료 무료

02

켄싱턴리조트
설악비치

고성 왕곡마을

기본 정보
주소 강원도 고성군 죽왕면 왕곡마을길 41
전화 033-631-2120

요금&시간
관람 시간 09:00~18:00
휴무일 연중무휴
입장료 무료
주차료 무료
고성왕곡마을 중요민속문화재 제235호

04

선영이네물회
전문점

기본 정보

주소 강원도 고성군 토성면 토성로 75
전화 033-632-1590

메뉴&시간

성전물회 20,000원, 해전물회 20,000원,
오미자물회 15,000원, 성게비빔밥 15,000원,
전복죽 15,000원, 전복해물뚝배기 18,000원,
오징어순대 12,000원, 전복회덮밥 15,000원,
국수사리 추가 2,000원, 광어회 45,000원
영업시간 09:00~21:00
휴무일 연중무휴(구정, 추석 당일 오후 영업)

변산 편

서해의 매력은 아기자기함 그리고 밀물, 썰물 때마다 다른 모습을 볼 수 있다는 점입니다. 많은 분들에게 소개가 되어 있지 않아 북적대지 않는다는 점에서 해변과 바다 경관을 즐기기에 최적의 조건을 갖추고 있습니다. 그만큼 변산에서도 진정 숨은 보석이라고 할 수 있는 장소가 바로 모항해수욕장이랍니다.

변산반도는 여행박물관 같은 고장입니다. 고풍스러운 산사에서부터 기가 막힌 경관지인 채석강과 직소폭포 그리고 바다, 마지막으로 여행에서 현실적으로 가장 중요한 숙소와 먹거리까지 여행의 핵심 요소 모두가 충족되어 있기 때문입니다. 변산여행에서 가장 중요한 요소는 바로 힐링입니다. 먼저 내소사로 향하여 전나무 숲을 지나 산사의 향기를 듬뿍 맡아 보신 후 트래킹을 좋아하시는 분들은 도보로 직소폭포까지 다녀오시기 바랍니다. 시간 제약이 있는 분들은 내소사에서 부안 젓갈백반을 맛보러 식사 장소로 이동하시면 됩니다.

변산에서 가장 유명한 장소는 채석강이 아닐까 싶습니다. 편마암 기저층의 독특한 해안 절경으로 영화에도 자주 등장한 장소입니다. 당나라의 시인 이태백이 강물에 뜬 달을 잡으려 했다는 채석강과 닮았다 하여 채석강이라 불렸다고 합니다.

01

내소사

기본 정보

주소 전라북도 부안군 진서면 내소사로 243
전화 063-583-7281

요금&시간
관람 시간 하절기 08:00~18:00, 동절기 08:30~17:30
입장료 (단체 30인 이상)
[개인] 성인 3,000원, 청소년 1,500원, 어린이 500원
[단체] 성인 2,500원, 청소년 1,000원, 어린이 400원
주차료(1시간 기준)
경차 500원, 소형차 1,000원, 중형차 1,500원
내소사 대웅보전 보물 제291호
내소사 동종 보물 제277호
내소사 영산회괘불탱 보물 제1268호

02 곰소항관광기사식당

기본 정보

주소 전라북도 부안군 진서면 청자로 897
전화 063-581-8222, 010-4320-2399

메뉴&시간

곰소항정식 20,000원, 꽃게장정식 18,000원,
백반 7,000원, 젓갈백반 10,000원,
돌게장정식 10,000원, 생합죽 10,000원,
바지락칼국수 7,000원, 해물칼국수 8,000원
영업시간 07:00~21:00
휴무일 연중무휴

03 직소폭포

기본 정보

주소 전라북도 부안군 변산면 실상길 52
전화 내변산탐방안내센터 063-584-7807

요금&시간

관람 시간 24시간
휴무일 연중무휴
입장료 무료
주차료 승용차 2,000원, 버스 3,000원

채석강

기본 정보
주소 전라북도 부안군 변산면 격포리 301-1
전화 변산반도 국립공원 063-582-7808

요금&시간
관람 시간 24시간
입장료 무료
주차료 무료
채석강, 적벽강 일원 명승 제13호

부안영상 테마파크

기본 정보
주소 전라북도 부안군 변산면 격포로 309-64
전화 063-581-0975, 063-583-0975~0977

요금&시간
관람 시간 (11월~2월) 09:00~17:00,
(3월~6월) 09:00~18:00, (7월~10월) 09:00~19:00
입장 마감 폐장 30분 전까지
휴무일 연중무휴
입장료 (단체 30인 이상)
[개인] 성인 4,000원, 경로/청소년 3,500원,
어린이/장애인/국가유공자 3,000원
[단체] 성인 3,500원, 경노/청소년 3,000원,
어린이/장애인/국가유공자 2,500원
주차료 무료

06

백합식당

기본 정보

주소 전라북도 부안군 변산면 변산해변로 17
전화 063-584-7467

메뉴&시간

백합죽 10,000원, 백합돌솥밥 12,000원,
백합정식 60,000원, 꽃게장백반 25,000원,
백합탕 (소)30,000원, 바지락무침 (중)25,000원
영업시간 07:30~21:00
휴무일 연중무휴

모항해수욕장

기본 정보

주소 전라북도 부안군 변산면 모항길 23-1
전화 부안군청 문화관광과 063-580-4739

요금&시간

이용 시간 24시간
휴무일 연중무휴
입장료 무료
주차료 무료
샤워장 무료

모항 해나루 가족호텔

기본 정보

주소 전라북도 부안군 변산면 모항해변길 73

전화 063-580-0700

요금&시간

입실 14:00(주말 15:00), 퇴실 12:00(주말 11:00),
추가 인원 11,000원

[호텔형 트윈, 13평, 2인+1인]

주중 76,950원, 금요일 98,970원, 토요일 109,980원

[콘도형 스탠더드, 19평, 4인+2인, 침대/온돌]

주중 100,060원, 금요일 128,740원, 토요일 143,020원

*세금, 봉사료 포함

대명리조트 변산 아쿠아월드

기본 정보

주소 전라북도 부안군 변산면 변산해변로 51
전화 1588-4888

요금&시간

이용 시간(2015년 9월 18일 기준)
[하이 시즌(8월 24일~10월 4일)]
주중 10:00~20:00, 토요일 09:00~21:00,
일요일 09:00~20:00
[종일권] (주중) 대인 43,000원, 소인 38,000원,
(주말) 대인 48,000원, 소인 41,000원
[오후권] (주중) 대인 37,000원, 소인 32,000원,
(주말) 대인 42,000원, 소인 35,000원
[로우 시즌(10월 5일~12월 20일)]
주중 10:00~18:00, 토요일 09:00~20:00,
일요일 09:00~18:00
[종일권] (주중) 대인 31,000원, 소인 26,000원,
(주말) 대인 36,000원, 소인 31,000원
[오후권] (주중) 대인 25,000원, 소인 20,000원,
(주말) 대인 30,000원, 소인 25,000원
*카드 할인 20~30%

수안보온천 편

온천욕을 목적으로 여행을 떠나더라도 하루 종일 온천만 즐기지는 못할 것입니다. 기왕이면 온천욕 후에 주변 경관지나 명소를 찾거나 다양한 체험을 해 보시기 바랍니다. 수안보온천 주변에도 그런 곳이 여럿 있습니다. 먼저 수안보파크호텔 내에 위치한 성봉채플입니다. 호텔에 속한 교회이기는 하지만 누구나 방문할 수 있도록 되어 있습니다. 특히, 주말에 수안보온천을 찾은 분들 중에 예배를 드리려는 분들은 이곳 성봉채플을 방문해 보십시오. 수안보를 찾는 분들에게 예전부터 기념사진 찍는 장소로 유명했답니다.

또한 수안보여행에서 빼놓을 수 없는 곳이 바로 미륵대원지입니다. 통일신라 후기 문화재로 석굴의 형태를 대부분 보존하고 있는 매우 귀한 문화유산으로 신라 석굴암의 흐름을 잇고 있으며, 고구려와 백제의 섬세함까지 느낄 수 있는 중세 최고의 걸작이랍니다.

수안보에서 가능한 또 하나의 테마는 바로 유람선투어입니다. 수안보에서 20여 분 움직이면 충주호 월악나루에 이를 수 있습니다. 이곳에서 유람선에 탑승하면 국내 최대 규모의 호수 충주호의 절경을 감상하실 수 있습니다.

한화리조트
수안보온천
온천사우나

기본 정보

주소 충청북도 충주시 수안보면 수안보로 321-36
한화리조트 수안보온천

전화 043-848-0894

요금&시간

이용 시간 06:30~21:00
*매월 2주 화요일 06:30~20:00 단축 운영
휴무일 연중무휴
이용 요금
[대인] 일반 10,000원, 투숙객 7,000원
[소인] 일반 7,000원, 투숙객 4,000원

02

수안보 온천랜드

기본 정보
주소 충청북도 충주시 수안보면 온천리 주정산로 32
전화 043-855-8400

요금&시간
이용 시간 온천 06:00~24:00, 찜질방 24시간
휴무일 연중무휴
이용 요금
[온천] 대인 7,000원, 소인(만 12세 이하) 4,000원,
우대(경로/장애인/국가유공자) 4,000원, 지역민 5,000원
[온천+찜질방] 대인 10,000원, 소인 7,000원

장군식당

기본 정보

주소 충청북도 충주시 수안보면 장터3길 18-5

전화 043-845-8737, 010-9874-8737

메뉴&시간

돼지주물럭+된장정식(1인) 14,000원,
오리주물럭+된장정식 45,000원, 산채비빔밥 7,000원,
꿩샤부코스(2인) 60,000원, (3~4인) 80,000원, (특) 100,000원,
샤부용 야채 추가 5,000원, 두부전골 9,000원,
김치찌개 8,000원, 돌솥비빔밥 9,000원

영업시간 09:00~20:30

휴무일 연중무휴, 구정, 추석 당일 2시 오픈

04

영화식당

기본 정보

주소 충청북도 충주시 수안보면 물탕1길 11
전화 043-846-4500

메뉴&시간

산채정식(1인) 16,000원,
자연산버섯전골(1인) 15,000원,
불고기 15,000원, 더덕구이 17,000원
영업시간 08:00~21:00
휴무일 구정, 추석 당일

충주호관광선
월악나루

기본 정보

주소 충청북도 충주시 살미면 월악로 1243

전화 월악나루 043-851-5481, 고객 상담 043-851-7400

요금&시간

운항 시간 (4월~10월) 09:00~17:00,
(11월~3월) 10:00~16:00

이용 요금

대인 12,000원, 소인(3세~13세) 8,000원

코스 충주댐~월악나루(1시간 회항), 유선 회항 18km

주차료 무료

성봉채플

기본 정보
주소 충청북도 충주시 수안보면 탑골1길 36
전화 043-856-8191

요금&시간
관람 시간 24시간
휴무일 연중무휴
입장료 무료
주차료 무료
예배 안내(성봉채플 본당)
1부 예배 일요일 09:00, 2부 예배 일요일 15:00

미륵대원지

기본 정보

주소 충청북도 충주시 수안보면 미륵리사지길 150

전화 수안보 관광안내소 043-845-7829

요금&시간

관람 시간 07:00~19:00

휴무일 연중무휴

입장료 무료

주차료 무료

충주 미륵대원지 사적 제317호

정동진 편

바다여행의 절대강자 정동진은 어느 곳을 향해 달리든, 어디를 바라보든 쉼 없이 바다가 곁을 지켜주는 곳입니다. 특히 정동진의 심곡항에서 대게로 유명한 금진항을 거쳐 옥계로 이어지는 해안도로(헌화로)는 전국 넘버원이라 할 수 있습니다.

여행에 앞서 식사부터 하겠습니다. 정동진의 시작점과 같은 안인항에 이르면 일미횟집에서 가자미회덮밥을 맛보시기 바랍니다. 식사 후에는 안안항에서 5분 거리에 위치한 통일공원을 둘러보겠습니다. 전국에 함상공원이라는 곳들이 허다하지만 모두 시설과 주변 환경에서 낙제점이라 할 수 있습니다. 단, 정동진의 통일공원은 강릉시에서 직접 관리해서인지 관리 상태가 좋고 볼거리가 많을 뿐만 아니라 바다를 그대로 끼고 있는 군함의 모습이 현장감을 극대화한답니다.

이후에는 우리나라 정동에 위치한다는 정동진역을 찾아가 보세요. 이곳에서 인증샷을 찍은 후에는 드라마 〈모래시계〉의 그곳, 연인과 가 보지 않았으면 말을 하지 말라는 정동진 모래시계 공원이 궁극의 목적지입니다. 먼저 타이타닉 회중시계가 전시되고 있는 정동진 시간박물관과 모래시계공원을 둘러보신 후에 넓은 해안과 고운 모래로 유명한 정동진해수욕장을 거닐어 보십시오. 해변 멀리 썬크루즈호텔의 전경이 재미나게 펼쳐질 것입니다.

헌화로

기본 정보

주소 강원도 강릉시 강동면 헌화로 일대 해안도로
전화 강릉시 종합관광안내소 033-1330

요금&시간

이용 시간 24시간
휴무일 연중무휴
입장료 무료
주차료 무료

이용 시간 24시간
휴무일 연중무휴
입장료 무료
주차료 무료

일미횟집

기본 정보
주소 강원도 강릉시 강동면 안인일출길 50
전화 033-644-6139, 6338

메뉴&시간
가자미회덮밥 10,000원,
도다리 80,000원, 물회 12,000원,
가자미회 (중)60,000원, (대)80,000원,
가자미회 (특대)100,000원,
모둠회 (중)70,000원, (대)80,000원,
모둠회 (특대)100,000원~150,000원
영업시간 10:00~21:00(재료 소진 시 영업 종료)
휴무일 구정, 추석 전일/당일

03 통일공원

기본 정보
주소 강원도 강릉시 강동면 율곡로 1616
전화 함정전시관 033-640-4470

요금&시간
관람 시간 (3월~10월) 09:00~18:00,
(11월~2월) 09:00~17:00
휴무일 연중무휴
입장 마감 폐장 30분 전까지
입장료 (단체 30인 이상)
[개인] 일반 3,000원, 청소년/군인 2,000원, 어린이 1,500원
[단체] 일반 2,500원, 청소년/군인 1,500원, 어린이 1,000원
[무료] 65세 이상, 7세 이하, 장애인
주차료 무료

04

바다마을횟집

기본 정보
주소 강원도 강릉시 강동면 정동등명길 23
전화 033-644-5747

요금&시간
회덮밥 12,000원, 섭죽 12,000원,
물회 15,000원, (특)20,000원,
섭해장국 10,000원, 섭칼국수 8,000원,
우럭매운탕 (소)30,000원, (중)40,000원,
모둠회/광어/우럭 (소)80,000원, (중)100,000원, (대)120,000원,
바다마을스페셜 (소)11,000원, (중)140,000원, (대)170,000원
영업시간 평일 09:00~21:00, 주말 08:00~22:00
휴무일 매월 1, 3주 화요일(공휴일 제외)

05

정동진역

기본 정보

주소 강원도 강릉시 강동면 정동역길 17
전화 033-520-2523, 1544-7788

요금&시간

주차료 무료(무료주차장 이용)

정동진해변

기본 정보
주소 강원도 강릉시 강동면 정동진역길 64-3
전화 강릉시 종합관광안내소 033-1330

요금&시간
이용 시간 24시간
휴무일 연중무휴
입장료 무료
주차료 무료

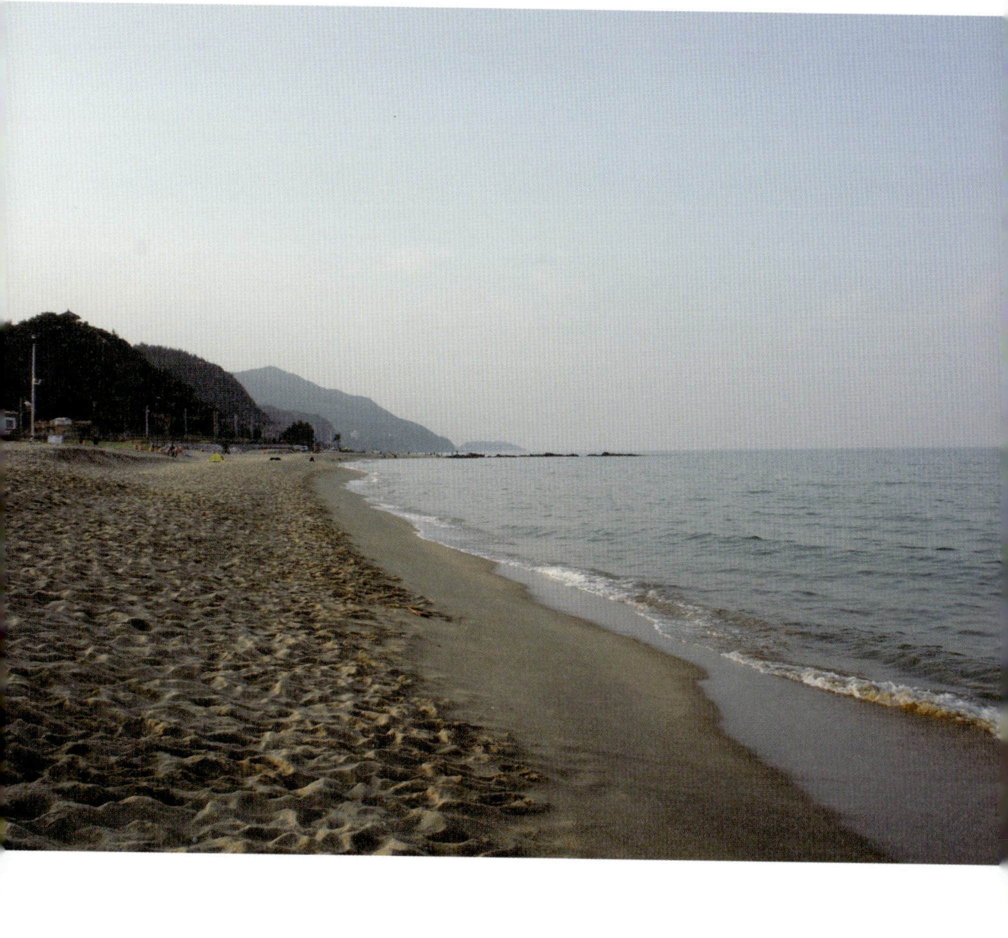

정동진
시간박물관+
모래시계공원

기본 정보

주소 강원도 강릉시 헌화로 990-1 모래시계공원 내
전화 박물관 033-645-4540, 공원 033-640-4533

정동진박물관

관람 시간 (11월~1월) 09:00~17:00,
(5월~8월) 09:00~17:40,
(2월~4월, 9월~10월) 09:00~17:20
입장료 (단체 20% 할인)
성인 6,000원, 청소년 5,000원,
어린이 4,000원, 경로/유공자/장애인 3,000원

모래시계공원

관람 시간 24시간
휴무일 연중무휴
입장료 무료
주차료 무료

충주 편

충주는 바다가 없는 내륙 지방이지만 충주호를 비롯하여 국내 최고의 온천까지 갖추고 있어 바다나 산이 있는 다른 유명 여행지와 비교해도 전혀 손색없는 최고의 힐링 여행지입니다. 또한 충주는 삼국시대에서 조선시대까지의 진한 역사의 물결이 살아 숨 쉬는 도시로 강한 고구려의 기상과 임진왜란의 아픈 역사까지 만나보실 수 있습니다.

이번 답사여행에서는 충주에서 답사와 온천이라는 두 가지의 여행 컨셉을 모두 잡아 보겠습니다. 수안보온천에 익숙한 분들이라도 이번에는 진짜 온천 매니아들이 찾는다는 능암온천과 함께 충주의 색다른 면도 만나보시기 바랍니다. 능암에서의 온천욕 후에는 인근에 위치한 한우 전문점에서 식사를 하겠습니다. 전국 어느 곳보다 품질 좋고 가격 착한 한우를 만나게 될 것입니다. 이후에는 고구려 장수왕이 세운 충주고구려비를 직접 관람할 수 있는 충주고구려비전시관을 거쳐 충주 시민들의 허파이자 조선 역사의 애환이 서려 있는 탄금대까지 방문하시기 바랍니다. 식사 장소와 카페는 모두 호암지를 바라볼 수 있는 경관 좋은 곳으로 추천해 드렸습니다.

능암온천랜드

기본 정보
주소 충청북도 충주시 앙성면 새바지길 37
전화 043-844-2020

요금&시간
이용 시간 평일 05:00~20:00, 주말 05:00~21:00
휴무일 연중무휴
이용 요금 성인 8,000원, 소인 5,000원,
단체 6,500원(20인 이상)
주차료 무료

충주고구려비전시관

기본 정보

주소 충청북도 충주시 중앙탑면 감노로 2319
전화 043-850-7301

요금&시간

관람 시간 09:00~18:00
휴관일 매주 월요일, 신정, 구정, 추석 당일
관람료 무료
주차료 무료
충주 고구려비 국보 제205호

03 탄금대

기본 정보
주소 충청북도 충주시 탄금대안길 105
전화 043-848-2246

요금&시간
관람 시간 07:00~19:00
휴무일 연중무휴
입장료 무료
주차료 무료
탄금대 명승 제42호

B620

기본 정보
주소 충청북도 충주시 상아배이길 16
전화 043-844-6201, 010-5440-8249

메뉴&시간
아메리카노/에스프레소 3,000원,
바닐라/그린티/고구마/단호박라테 5,000원,
카페라테 4,000원, 핫초코 4,000원, 에이드 5,000원,
옛날팥빙수 8,000원, 바닐라/녹차빙수 10,000원
*아이스 500원 추가
620돈가스 10,000원(스프+일식돈가스+커피 or 오렌지주스),
지구별돈가스 10,000원(스프+경양식돈가스+커피 or 오렌지주스),
케이준/연어샐러드 15,000원
영업시간 10:00~22:00
휴무일 매주 월요일

아름다운풍경

기본 정보

주소 충청북도 충주시 연못4길 7

전화 043-846-6900

메뉴&시간

풍경정식(A코스) 18,000원,
풍경정식(B코스) 28,000원,
풍경정식(C코스, 예약) 38,000원,
추가 갈비살석쇠구이 20,000원

영업시간 점심 12:00~15:00, 저녁 17:00~21:30

휴무일 매주 일요일

06

켄싱턴리조트 충주

기본 정보
주소 충청북도 충주시 앙성면 산전장수1길 103
전화 043-840-2700

요금&시간
입실 14:00(성수기 15:00), 퇴실 12:00(성수기 11:00),
추가 인원 10,000원(36개월 이상),
(주말 조식) 성인 15,900원,
소인(30개월~13세) 12,900원, (30개월 이하) 5,900원
[젠트리형, 16평, 원룸, 기준 2인+3인]
주중 69,000원, 주말 109,000원
[노블형, 21평, 기준 4인+2인]
주중 79,000원, 주말 129,000원
[듀크형, 26평, 기준 5인+2인]
주중 99,000원, 주말 149,000원

평창 편

가슴속 답답함을 풀고 싶은 분들을 위해 큰맘 먹지 않고도 찾을 수 있는 평창으로의 주말여행을 추천합니다. 평창은 대관령 양떼목장의 이미지로 인하여 드넓은 자연만 간직하고 있는 도시로 많이들 알고 계시지만 천만의 말씀입니다. 평창은 1년 내내 가족 모두를 만족시킬 수 있는 진정한 휴양 도시랍니다.

평창은 크게 3개의 지역으로 나누어 볼 수 있는데, 먼저 서울에서 2시간이면 도착할 수 있는 봉평입니다. 봉평은 봉평막국수와《메밀꽃 필 무렵》의 이효석 문학관, 전국 3대 물놀이 계곡이라 평가되는 흥정계곡이 핵심입니다. 거기다 기대치를 절대 벗어나지 않는 최강의 수목원 허브나라농원까지. 평창의 관문과도 같은 봉평은 하나의 독립된 여행지로도 손색이 없답니다.

봉평에서 조금 더 영동고속도로를 따라 강릉 방향으로 가시면 오대산의 진부에 이르게 됩니다. 진부에서는 전나무 숲길로 유명한 월정사, 5대 적멸보궁 상원사를 함께 찾으시면 힐링여행으로 가치 있는 시간이 될 것입니다.

마지막으로 가족여행의 메카 '2018년 동계올림픽'이 열리는 알펜시아가 있는 횡계입니다. 이곳에는 전국 3대 탕수육집으로 알려진 진태원을 비롯한 다양한 맛집들이 있으며, 알펜시아리조트 내에는 다양한 레저 시설들이 자리 잡고 있습니다. 알펜시아리조트를 최종점으로 하여 봉평, 진부, 횡계를 연이어 거치시면 힐링은 자연스럽게 몸과 마음에 녹아들어 있을 것입니다.

01

고향막국수

기본 정보
주소 강원도 평창군 봉평면 이효석길 142
전화 033-336-1211

메뉴&시간
물막국수 6,000원, 비빔막국수 7,000원,
순메밀물국수 8,000원, 순메밀비빔국수 9,000원,
순메밀정식 15,000원, 메밀묵 6,000원,
수육 (소)17,000원, (중)20,000원,
메밀전 4,000원, 메밀전병 4,000원
영업시간 09:00~20:00
휴무일 연중무휴

이효석 문학관

기본 정보
주소 강원도 평창군 봉평면 창동리 효석문학길 73-25
전화 033-330-2700

요금&시간
관람 시간 (10월~4월) 09:00~17:30, (5월~9월) 09:00~18:30
휴관일 매주 월요일, 신정, 구정, 추석 당일
입장료 (단체 20인 이상)
[개인] 어른 2,000원, 청소년 1,500원, 어린이 1,000원
[단체] 어른 1,500원, 청소년 1,000원, 어린이 500원
[무료] 만 6세 이하, 만 65세 이상, 장애인
주차료 무료

흥정계곡

기본 정보
주소 강원도 평창군 봉평면 흥정리 흥정계곡
전화 033-335-7301

요금&시간
이용 시간 24시간
휴무일 연중무휴
입장료 (7월~8월) 성인 2,000원, 아동 1,000원,
(1월~6월, 9월~12월) 무료
주차료 무료(도로변 주차 가능)

04

허브나라농원

기본 정보
주소 강원도 평창군 봉평면 흥정계곡길 225
전화 033-335-2902

요금&시간
관람 시간 (11월, 4월) 09:00~18:00,
(5월~10월) 09:00~18:30, (12월~3월) 09:00~17:30
입장 마감 폐장 1시간 전까지
휴무일 연중무휴
입장료 (단체 30인 이상)
(5월~10월) [개인] 성인 7,000원, 우대 4,000원
[단체] 성인 5,000원, 우대 3,000원
(11월~4월) [개인] 성인 5,000원, 우대 3,000원
[단체] 성인 3,000원, 우대 2,000원
주차료 무료

월정사

기본 정보

주소 강원도 평창군 진부면 오대산로 374-8
전화 033-339-6800, 종무소 033-339-6613

요금&시간

관람 시간 07:00~18:00(일출 2시간 전~일몰 후)
휴무일 연중무휴
입장료 (단체 30인 이상)
[개인] 성인 3,000원, 청소년/군인 1,500원, 어린이 500원
[단체] 성인 2,500원, 청소년/군인 1,000원, 어린이 400원
주차료
[5월~11월] 경차 2,000원, 중형차 5,000원, 대형 7,500원
[12월~4월] 경차 2,000원, 중형차 4,000원, 대형 6,000원
월정사 팔각구층석탑 국보 제48호
월정사 팔각구층석탑 사리장엄구 보물 제1375호

06 알펜시아 리조트

기본 정보
주소 강원도 평창군 대관령면 솔봉로 325
전화 033-339-0000, 033-339-1125

요금&시간
입실 15:00, 퇴실 12:00,
엑스트라 베드 38,500원,
(조식) 성인 30,000원, 소인 15,500원

홀리데이인리조트
[슈페리어 더블/트윈, 2인+1인, 2인 조식]
주중 178,200원, 주말 202,400원
[슈페리어 온돌, 4인+1인, 2인 조식]
주중 221,430원, 주말 245,630원

알파인코스터
이용 시간(8월 24일~10월 11일)
주중 09:30~18:00, 토요일 09:00~21:00,
일요일 09:00~18:00
이용료 대인 20,000원, 소인 17,000원

대관령
양떼목장

기본 정보

주소 강원도 평창군 대관령면 대관령마루길 483-32

전화 033-335-1966

요금&시간

관람 시간

(1월, 2월, 11월, 12월) 09:00~17:30,

(3월, 4월, 9월, 10월) 09:00~18:00,

(5월~8월) 09:00~18:30

입장 마감 폐장 1시간 전까지

휴무일 구정, 추석 당일

입장료(먹이 주기 체험 포함, 건초 구입 시 입장 가능)

대인 4,000원, 소인 3,500원, 경로/장애인 2,000원

주차료 무료

시티투어

대구광역시 편

여행을 꼭 산 좋고 물 좋은 곳으로만 떠나야 한다고 생각하시나요? 그렇게 되면 선택할 수 있는 여행지가 상당히 적어질 수밖에 없습니다. 그동안 바다와 산으로 떠나는 것에 식상함을 느꼈던 분들이라면 이번에는 대도시, 광역시투어에 나서 보는 것은 어떨까요?

그 시작으로 경상북도의 최대 도시 대구를 소개합니다. 미디어에서는 참 많이 보았지만 서울 및 수도권에 사시는 분들은 결혼식이 있거나 업무 차원이 아니고서는 방문해 보신 적이 거의 없을 것입니다. 대구의 진면목은 시내와 그 주변의 다양한 장소에서 찾을 수 있습니다. 여기서는 대구 하면 가장 먼저 떠올리시는 갓바위에서부터 유네스코 잠정 목록에 올라 있는 도동서원 그리고 수목원과 벽화마을을 소개하려고 합니다.

대구라는 대도시는 먹거리 및 볼거리가 매우 다양하며 거기다가 가격 대비 만족도가 높은 특급호텔들도 무수히 많습니다. 이번에는 여행지로 많이들 찾는 한적한 고장이 아니라 지방 대도시의 문화를 느껴 보도록 하겠습니다.

01 대구수목원

기본 정보
주소 대구광역시 달서구 화암로 342
전화 053-640-4100

요금&시간
관람 시간 (1월~5월, 9월~12월) 09:00~18:00,
(6월~8월) 09:00~19:00
휴관일 매주 월요일
입장료 무료
주차료 무료

02 마비정 벽화마을

기본 정보
주소 대구광역시 달성군 화원읍 마비정길 262 일대
전화 벽화마을 체험관 053-633-2222

요금&시간
개방 시간 24시간
휴무일 연중무휴

체험관
운영 시간 10:00~17:00
휴무일 매주 월요일
입장료 무료
주차료 무료

전통 체험 프로그램
인절미 만들기 3,000원,
두부 만들기 5,000원,
칼국수 만들기 6,000원,
찹쌀수제비 만들기 5,000원,
향낭 만들기 5,000원
*20명 이상 예약 필수
  053-633-2222

산림문화전시관

마비정
벽화마을

도동서원

기본 정보

주소 대구광역시 달성군 구지면 구지서로 726

전화 달성군청 관광과 053-668-3162~3

요금&시간

관람 시간 10:00~18:00

휴무일 연중무휴

입장료 무료

주차료 무료

도동서원 사적 제488호

도동서원 중정당 · 사당 · 담장 보물 제350호

喚主門

안심농장직영 식육식당

기본 정보
주소 대구광역시 동구 대경로 1
전화 053-964-0022

메뉴&시간
쇠고기(160g) 17,000원,
뭉티기(350g) 25,000원(토요일, 일요일, 공휴일 주문 불가),
육회(250g) 25,000원, 장국시(식사 후) 3,000원
영업시간 12:00~21:30
휴무일 구정, 추석 연휴

05

선본사
갓바위

기본 정보

주소 경상북도 경산시 와촌면 갓바위로 699 선본사
전화 053-851-1868

요금&시간

관람 시간 24시간
휴무일 연중무휴
입장료 무료
주차료 무료
경산 팔공산 관봉 석조여래좌상 보물 제431호

인천광역시
송도 편

도심의 독특한 분위기를 원하시는 분들에게 송도여행을 추천합니다.

센트럴파크 한옥마을에서 아이스커피를 마시며 송도의 전체를 느껴 본 후 저녁 식사는 송도의 핫플레이스인 풀사이드 228, 숙박은 한옥마을에 개관한 지 얼마 안 된 경원재 앰배서더 인천을 이용해 보십시오. 송도의 핵심 자산인 센트럴파크를 주말에 찾으실 때에는 주차를 생각하여 쉐라톤 방면보다는 트라이볼 방면의 주차장을 이용하는 편이 좋습니다.

한옥마을은 무척이나 감동 깊게 조성되어 있지만 호텔과 식당을 제외하면 개방된 장소가 너무 적다는 점이 아쉽기도 합니다. 호텔이 한옥마을인지 한옥마을이 호텔인지 혼동될 만큼 한옥마을의 모든 것을 독차지하고 있는 경원재 앰배서더 인천은 가격이 조금 비싼 것을 감안하더라도 부족한 점을 찾기 힘든 우리나라 최고의 한옥호텔입니다. 물론 개관한 지 얼마 되지 않아 부대시설과 친절도가 조금 부족하기는 하지만 개별 마당과 스파, 아이들과 뛰어 놀기에 부족함이 없는 공간들까지 갖추고 있다는 점이 특히 인상적입니다. 규모는 궁궐급이라 할 수 있을 정도입니다.

01

송도센트럴공원

기본 정보
주소 인천광역시 연수구 테크노파크로 196
전화 032-721-4415

요금&시간
관람 시간 24시간
휴무일 연중무휴
입장료 무료
주차료 1시간 1,000원,
이후 30분당 500원, 종일 5,000원

02

트라이볼

기본 정보
주소 인천광역시 연수구 인천타워대로 250
전화 032-760-1014

요금&시간
관람 시간 10:00~18:00
휴무일 매주 월요일
입장료 무료
주차료 무료
전시 상설전시
*공연 홈페이지 통해 사전 예약
시설 안내
[2층] 공연장, 중앙홀, 교육실
[3층] 커뮤니티홀, 휴식 공간

할리스커피
인천한옥마을점

기본 정보

주소 인천시 연수구 테크노파크로 180

전화 032-831-0337

메뉴&시간

아메리카노 (R)4,100원, 카푸치노 (R)4,600원,
고구마라테 (R)5,500원, 핫초코 (R)4,900원,
모카할리치노 (R)5,200원, 밀크쉐이크 (R)5,500원,
스무디 (R)5,500원, 햄&모짜렐라치즈 파니니 5,200원
영업시간 10:00~익일 01:00
휴무일 연중무휴

풀사이드 228

기본 정보
주소 인천광역시 연수구 해돋이로 157 4층
전화 032-817-0000

메뉴&시간
알리오올리오(1인) 14,900원, (2인) 25,900원,
뚝배기파스타(1인) 15,900원, (2인) 28,900원,
척테일스테이크 21,900원,
마르게리따피자 15,900원
영업시간 11:00〜02:00
휴무일 연중무휴

경원재
앰배서더
인천

기본 정보

주소 인천광역시 연수구 테크노파크로 200
전화 032-729-1101

요금&시간

입실 15:00, 퇴실 12:00
[디럭스 더블, 11평, 2인, 조식 포함]
주중 244,200원, 주말 277,200원
[디럭스 누마루, 13평, 2인+1인, 조식 포함]
주중 266,200원, 주말 299,200원

NC큐브
커넬워크

기본 정보
주소 인천광역시 연수구 아트센터대로 87
전화 032-723-6300

요금&시간
영업시간 10:30~22:00
휴무일 구정, 추석 당일
주차료 30분 무료, 이후 10분당 1,000원

단지 구성
[SPRING] 편집숍, SPA, 잡화, 홈퍼니싱
[SUMMER] 여성, 캐주얼, 아동
[AUTUMN] 캐주얼, 잡화, 외식
[WINTER] 스포츠, 아웃도어, 외식

전국
베이커리
탐방

이번에는 베이커리와 함께하는 시티투어를 떠나 보는 것 어떨까요? 먹거리 전국대전으로 미디어에서 가장 많이 다루었던 소재가 바로 베이커리입니다. 지주여에서 다녀온 베이커리 투어를 묶어 전국 베이커리 TOP8을 소개해 드리겠습니다.

명성이 자자하지만 막상 실제 방문해 보니 조금 실망스러운 곳들도 있었고, 생각보다 많이 알려지지 않았으나 맛에 감동이 있어 꼭 소개하고 싶은 곳들도 있었습니다. 지역 토종 베이커리에 대한 자부심이 강한 분들이 많아서 우리 지역의 빵집은 왜 빠졌는지 궁금해하실 수도 있을 듯합니다. 유명하더라도 그 유명세에 공감하지 못하는 베이커리는 과감히 제외하였다는 점 이해해주시기 바랍니다.

최근에는 트렌디한 지역의 특색을 찾아다니는 여행자들이 참으로 많습니다. 꼭 경관지가 아니어도 바다가 보이는 카페를 찾거나 유명한 베이커리를 방문하고, 시내 구경을 다니며 쇼핑도 하는 것이 요즘 여행의 흐름인 것 같습니다. 앞으로는 문화재, 경관지와 함께 카페와 베이커리를 묶는 여행 스케줄을 만들어 보는 것 어떨까요?

성심당

기본 정보

주소 [본점] 대전광역시 중구 대종로480번길 15
[케익부띠끄] 대전광역시 중구 대종로 480
전화 본점 1588-8069, 케익부띠끄 042-220-4153

메뉴&시간

튀김소보로 1,500원, 판타롱부추빵 1,800원,
튀소세트(6개) 10,000원,
반반세트(튀소 3개+부추 3개) 10,900원

케익부띠끄 메뉴

순수롤 12,000원, 딸기순수롤 14,000원,
에그타르트 2,200원, 초코듀 3,500원,
딸기요거트무스(미니) 6,000원,
블루베리요거트스무디 5,500원,
아메리카노 3,500원
영업시간
본점 08:00~23:00, 케익부띠끄 08:30~23:00
휴무일 연중무휴

02

맘모스제과

기본 정보
주소 경상북도 안동시 문화광장길 34
전화 054-857-6000

메뉴&시간
단팥빵 1,500원, 모카빵 2,000원,
크림치즈빵 2,300원, 놀부네단호박 2,800원,
오렌지타르트 4,000원, 시나몬번 2,000원
영업시간 08:00~23:00
휴무일 구정, 추석 당일

03

이성당

기본 정보
주소 전라북도 군산시 중앙로 177
전화 063-445-2772

메뉴&시간
쌀앙금빵(팥빵) 1,300원, 야채빵 1,500원,
고로케 1,500원, 찹쌀도너츠 1,000원,
쌀블루베리페스츄리 2,000원
영업시간 08:00~22:00
휴무일 매월 1, 3주 일요일, 구정, 추석 당일/다음 날

PÂTISSERIE
BOULANGERIE
이 성 당
SALAD SANDWICH
LEE SUNG DANG 1945

04

옵스
해운대점

기본 정보
주소 부산광역시 해운대구 중동1로 31
전화 051-747-6886

메뉴&시간
학원전 1,300원, 통팥앙금빵 1,500원,
슈크림 2,300원, 치즈만주 1,400원,
명란바게트 2,500원
영업시간 08:00~23:00
휴무일 구정, 추석 전일/당일

05

궁전제과
충장본점

기본 정보

주소 광주광역시 동구 충장로 93-6
전화 062-222-3477

메뉴&시간

나비파이 2,000원, 마카롱 1,800원,
고로케 1,800원, 공룡알 2,500원
영업시간 08:00~22:00
휴무일 구정, 추석 연휴

06

삼송빵집

기본 정보

주소 [본점] 대구광역시 중구 중앙대로 395
[동대구역사점] 대구광역시 동구 동대구로 550
전화 본점 053-254-4064, 동대구역사점 053-955-3039

메뉴&시간

통옥수수(마약빵) 1,600원,
야채고로케 1,600원,
김치&고추고로케 1,800원,
크림치즈 2,300원, 소보로팥빵 1,600원
영업시간 본점 08:00~21:00,
동대구역사점 08:00~22:00
휴무일 연중무휴

07

풍년제과 본점

기본 정보

주소 전라북도 전주시 완산구 팔달로 145
전화 063-231-3366

메뉴&시간

수제초코파이 1,600원, 화이트초코파이 2,000원,
아몬드붓세 1,600원, 수제리얼초코파이 2,000원
영업시간 08:00~22:30
휴무일 연중무휴

08

제일성심당

기본 정보

주소 제주특별자치도 서귀포시 성산읍 고성오조로 47
전화 064-782-3125

메뉴&시간

크림치즈빵 1,500원, 이불빵 3,500원,
슈크림베이글 1,500원, 찹쌀도너츠 500원,
모카번 2,500원
영업시간 06:00~24:00
휴무일 구정, 추석 연휴

제주 특급정보

놓치기 쉬운
제주도
볼거리 7선

제주도를 여행하시는 많은 분들이 사람 구경만 하다 왔다고 하거나 매번 보았던 곳들만 다시 찾게 되어 식상함을 느꼈다고 하시는 경우가 참으로 많습니다. 그래서 이번에는 '제주도 여행 시 놓치기 쉬운 볼거리 7선'을 준비하였습니다.

제주도에서 누구나 간다는 곳들을 살짝 피하면서도 어느 정도 대중성을 겸비하고 있는 장소들로만 추려 보았습니다. 제주도에 아무리 볼거리가 풍부하다고 하지만 희소성이 있으면서도 정비 상태 및 위치 그리고 퀄리티까지 모두 만족시키는 장소는 그리 흔치 않습니다. 하지만 지주여에서는 이번에 그런 장소만을 권역별로 쏘옥 뽑아 소개하려고 합니다.

01

한담해안
산책로

기본 정보

주소 제주특별자치도 제주시 애월읍 애월로 11 일대

전화 제주관광안내 064-1330

요금&시간

관람 시간 24시간

입장료 무료

주차료 무료(커핀그루나루 카페 주차장 이용)

02

관덕정 +
제주목 관아

기본 정보

주소 제주특별자치도 제주시 관덕로 25
전화 064-728-8665

요금&시간

관람 시간 09:00~18:00
매표 시간 09:00~17:30
휴무일 연중무휴
관람료 (단체 10인 이상)
[개인] 일반 1,500원, 청소년/군경 800원, 어린이 400원
[단체] 일반 1,000원, 청소년/군경 600원, 어린이 300원
주차료 무료(20대 가능),
병문천 복개지 주차장 및 탑동 주차장 이용
제주목 관아 사적 제380호
제주 관덕정 보물 제322호

03

만장굴

주소 제주특별자치도 제주시 구좌읍 만장굴길 182
전화 064-710-7901, 매표소 064-710-7907

요금&시간
관람 시간 09:00~18:00
입장 시간 09:00~17:10
휴무일 매월 1주 수요일
입장료 (단체 10인 이상)
[개인] 어른 2,000원, 청소년/군경 1,000원, 어린이 1,000원
[단체] 어른 1,600원, 청소년/군경 800원, 어린이 800원
주차료 무료
제주 김녕굴 및 만장굴 천연기념물 제98호

04

사려니숲길

기본 정보
주소 제주특별자치도 제주시 봉개동~조천읍 일대
전화 제주관광안내 064-1330

요금&시간
총 길이 15km
소요 시간 약 6시간
입장료 무료
주차료 무료(도로주차 가능)

남원큰엉
해안경승지

기본 정보

주소 제주특별자치도 서귀포시 남원읍 태위로 522-1
전화 064-760-4151

요금&시간
관람 시간 24시간
휴무일 연중무휴
입장료 무료
주차료 무료

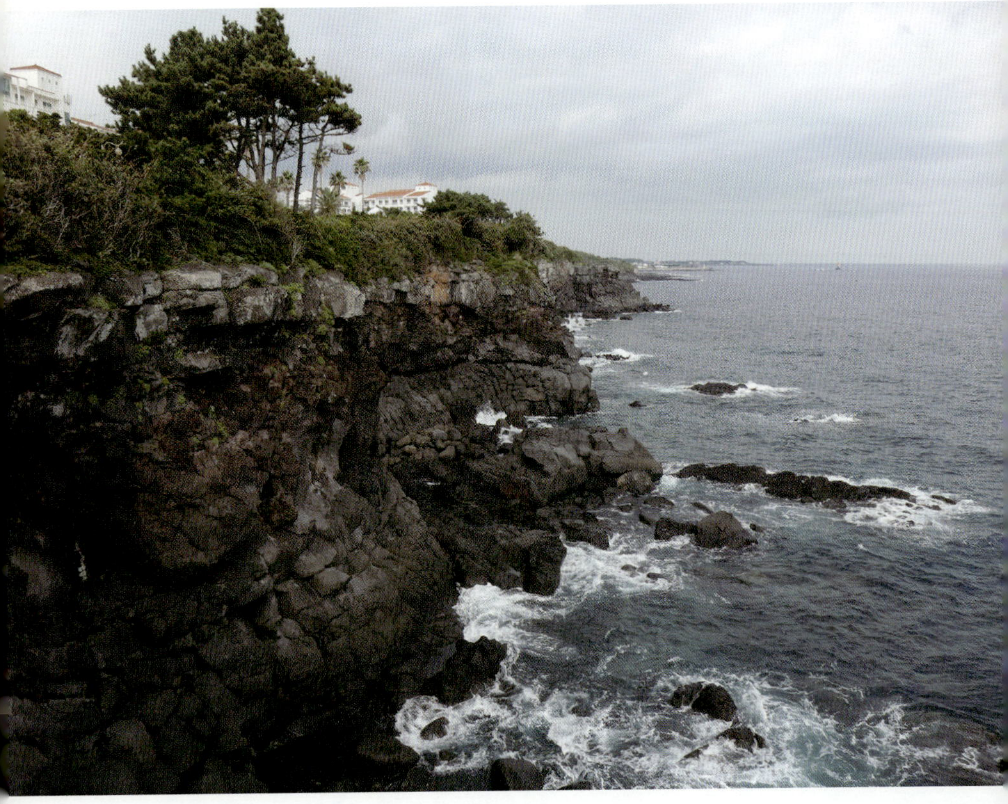

방주교회
'2010 한국건축가협회 대상

기본 정보
주소 제주특별자치도 서귀포시 안덕면 산록남로762번길 113
전화 064-794-0611

요금&시간
관람 시간 10:00~16:00
휴무일 매주 월요일
주일 예배 시간 1부 09:30, 2부 11:00
관람료 무료
주차료 무료

관음사

기본 정보

주소 제주특별자치도 제주시 산록북로 660
전화 064-724-6830

요금&시간

관람 시간 24시간(일출 후~일몰 전까지)
휴무일 연중무휴
입장료 무료
주차료 무료

해수욕장
추천 5선

가장 제주도다운 해변인 '곽지과물해변'은 해수욕과 노천탕을 동시에 즐길 수 있으며, 반달형의 해안이 반복적으로 펼쳐져 다양한 해안의 모습이 그려집니다. 주변으로는 그림 같은 해안도로와 다양한 맛집들까지 있어 바캉스 베이스 지역 최고라고 할 수 있습니다.

월정리해변은 넓고 넓은 고운모래 해변이 끝없이 펼쳐져 있을 뿐만 아니라 앞으로 최근 제주여행 트렌드의 중심인 카페들까지 길게 자리하고 있습니다. 커피와 해수욕을 한번에 즐기실 분들은 이곳으로 향하시면 됩니다.

중문관광단지를 숙소로 정하신 분들은 크게 고민하지 말고 전통의 강호 중문색달해변에서 해수욕을 즐기시기 바랍니다. 해변 뒤로 병풍처럼 펼쳐진 풍경은 보너스라고 할까요.

협재해수욕장은 크지는 않지만 아기자기함과 진한 코발트블루의 해변으로 오래전부터 사랑 받아 온 해변입니다. 애월~협재 방향으로 숙소를 잡은 분들은 한림공원 방문과 함께 해수욕장으로 협재를 찾으시기 바랍니다.

마지막으로 섬속의 섬 우도를 찾으신 분들은 수많은 광고 그리고 영화 〈시월애〉에 등장한 에메랄드빛의 부서지듯 푸르른 해변, 산호해수욕장을 절대 놓치지 마시기 바랍니다. 특히 모래가 아닌 산호초와 조개의 일종인 홍조단괴로 이루어진 해변은 눈부신 물빛을 자아냅니다. 해변 전체가 천연기념물이랍니다.

곽지과물해변

기본 정보

주소 제주특별자치도 제주시 애월읍 곽지리 1565

전화 제주관광안내 064-1330

요금&시간

관람 시간 24시간

휴무일 연중무휴

입장료 무료

주차료 무료

월정리해변

기본 정보

주소 제주특별자치도 제주시 구좌읍 해맞이해안로 일대
전화 제주관광안내 064-740-6000~1

요금&시간

관람 시간 24시간
휴무일 연중무휴
입장료 무료
주차료 무료

03

중문색달해변

기본 정보
주소 제주특별자치도 서귀포시 색달동 3039
전화 064-760-4852

요금&시간
관람 시간 24시간
*매년 7월~8월 개장
입장료 무료
주차료 무료

중문색달해변

04

협재해수욕장

기본 정보

주소 제주특별자치도 제주시 한림읍 협재리 2447-22
전화 064-796-2404

요금&시간

관람 시간 09:00~일몰 시까지
야간 개장 09:00~22:00
입장료 무료
주차료 무료

산호해수욕장
[서빈백사해수욕장]

기본 정보

주소 제주특별자치도 제주시 우도면 우도해안길 254 일대

전화 064-728-4325

요금&시간

관람 시간 24시간

휴무일 연중무휴

입장료 무료

주차료 무료

제주 우도 홍조단괴 해빈 천연기념물 제438호

해안
드라이브 코스
4선

1   애월하귀 해안도로 [제주시에서 서부 방향]
2   이호테우 해안도로 [제주공항 동부 시작]
3   성산세화 해안도로 [성산일출봉~세화해변]
4   표선해비치 해안도로 [표선해비치해변 인근]

'애월~하귀 해안도로'는 제주공항을 시작점으로 하여 파스쿠찌 애월해안도로점을 목표점으로 두고 찾아가시기 바랍니다. 카페가 있는 지점에서 가장 아름다운 풍경이 그려진답니다.

'이호테우 해안도로'는 제주공항에서 가장 가까운 곳에 위치한 해안도로로 공항에서 10여 분이면 다다를 수 있습니다. 다만 목표점을 이호테우해변이나 등대로 잡으실 경우 해안 바깥의 일반 도로를 통하여 접근하게 된답니다. '용담이호 해안도로'를 시작점으로 하여 이호테우해변을 찾아가는 방식으로 접근하십시오.

'성산세화 해안도로'의 경우 성산포에서 세화해변까지 워낙 긴 거리에 걸쳐 있기 때문에 특히 시작점과 목표점이 매우 중요합니다. 성산세화 해안도로에서 추천하는 지점은 2곳입니다. 성산권에서 아름다운리조트 앞으로 펼쳐지는 데크와 해안도로와 하도해수욕장에서 세화해수욕장까지 펼쳐지는 긴 거리의 해안도로입니다. 세화해수욕장이나 성산일출봉 등으로 네비게이션을 단순 설정하시면 역시나 해안도로를 보지 못한다는 점 알아두시기 바랍니다. 포인트는 하도해수욕장과 아름다운리조트입니다.

마지막으로 '표선해비치 해안도로'입니다. 민속해안로라고 불리는데 네비게이션이 어떠한 경우에도 해안도로로 바로 이끌어주지 않습니다. 목표점을 해비치리조트로 하셔도 갈 수가 없습니다. 민속해안로는 가마교에서 시작되기 때문에 꼭 목표점을 가마교로 설정하십시오. 그곳에서부터 시작되어 해비치리조트를 끼고 성산으로 넘어가기 직전까지 아름다운 해안도로가 펼쳐진답니다.

애월하귀 해안도로

기본 정보

주소 제주특별자치도 제주시 애월읍 애월해안로 일대

전화 제주관광안내 064-1330

요금&시간

관람 시간 24시간

입장료 무료

주차료 무료

02

이호테우
해안도로

기본 정보

주소 제주특별자치도 제주시 용두암길~서해안로~도리로
전화 제주관광안내 064-1330

요금&시간

관람 시간 24시간
입장료 무료
주차료 무료

03

성산세화
해안도로

기본 정보

주소 제주특별자치도 서귀포시 구좌읍 성산세화해안도로 일대
(성산일출봉~하도해수욕장~세화해수욕장)
전화 제주관광안내 064-1330

요금&시간

관람 시간 24시간
입장료 무료
주차료 무료

표선해비치
해안도로

기본 정보

주소 제주특별자치도 서귀포시 가마교~민속해안로
~표선해비치해변 일대

전화 제주관광안내 064-1330

요금&시간

관람 시간 24시간

입장료 무료

주차료 무료

제주
먹거리 탐방
7선

제주도로 여행을 떠나시는 분들은 제주도만의 특별하고도 독특한 음식을 다양하게 드시고 싶을 것입니다. 하지만 그것이 쉽지만은 않은 이유는 바로 정보의 한계가 아닐까 싶습니다.

제주도의 유명 맛집들을 찾아가 보면 밀려드는 인파에 다시 찾지 말아야지 하면서도 그럼 어디를 가야할지 선뜻 답이 나오지 않았을 것입니다. 인터넷에서 생산되는 엄청난 양의 정보 속에서 막상 내가 찾고 싶은 것은 그렇게 쉽게 찾아지지 않습니다.

지주여는 제주도에서 맛볼 수 있는 음식 또는 특유의 분위기를 가지고 있는 곳들을 우선적으로 고려하였습니다. 다음으로 너무 알려지지 않아 식사 시간을 조금만 비켜 가면 자리를 잡을 수 있는 곳들, 마지막으로 지역적인 안배를 고려하였습니다. 또한 제주도의 전역 어디에서도 한 곳쯤은 찾아가실 수 있도록 여행 중심지 근처로 골고루 선정하였습니다. 그럼 제주도에서 맛과 분위기, 희소성, 여행 중심지라는 3가지 조건에 맞는 식당을 찾아가 다양하게 경험해 보시기 바랍니다.

상춘재

기본 정보

주소 제주특별자치도 제주시 중앙로 598

전화 064-725-1557

메뉴&시간

성게비빔밥과 작은추어탕 16,000원,
뭉게(돌문어)비빔밥과 작은추어탕 12,000원,
새꼬막비빔밥과 작은추어탕 11,000원, 상춘재추어탕 9,000원

영업시간 10:00~21:00

휴무일 매월 1, 3주 일요일

02

홍성방

기본 정보

주소 제주특별자치도 서귀포시 대정읍 하모항구로 76
전화 064-794-9555

메뉴&시간

빨간해물짬뽕 8,000원, 하얀해물짬뽕 8,000원,
사천해물짜장 7,000원, 해물짜장 7,000원,
짜장면 4,000원, 해물볶음밥 7,000원,
탕수육/깐풍기(2인) 12,000원, (3인) 18,000원,
칠리새우/깐풍새우(2인) 15,000원, (3인) 22,000원
영업시간 10:30~19:30
브레이크 타임 15:00~17:00
휴무일 매주 화요일

화순정낭갈비

기본 정보

주소 제주특별자치도 서귀포시 안덕면 화순로 71

전화 064-794-8954

메뉴&시간

흑돼지오겹살(300g) 22,000원,

돼지생갈비(450g) 20,000원,

돼지양념갈비(400g) 30,000원,

후식냉면 5,000원, 후식된장찌개 3,000원

영업시간 12:00~21:00

휴무일 매주 월요일

공새미59

기본 정보

주소 제주특별자치도 서귀포시 남원읍 공천포로 59-1

전화 070-8828-0081

메뉴&시간

돼지고기간장덮밥 8,000원, 딱새우덮밥 8,000원,
돼지고기된장덮밥 8,000원, 성게문어덮밥 12,000원,
바지락칼국수 7,000원, 보말칼국수 8,000원,
성게칼국수 8,000원

영업시간 09:00~21:00

브레이크 타임 15:00~17:00

휴무일 매주 화요일

안다미로

기본 정보

주소 제주특별자치도 제주시 조천읍 비자림로 648

전화 064-783-0668

메뉴&시간

토종닭코스요리 (소)55,000원, (대)60,000원,

토종닭백숙 (소)50,000원, (대)55,000원,

토종닭칼국수 8,000원, 오리백숙(조리 시간 50분) 60,000원

[코스요리] 샤부샤부+백숙+녹두죽

영업시간 10:00~21:00

휴무일 연중무휴

06 나목도식당

기본 정보

주소 제주특별자치도 서귀포시 표선면 가시로613번길 60
전화 064-787-1202

메뉴&시간

갈비(2인 이상) 10,000원, 삼겹살 10,000원,
생고기 7,000원, 양념구이두루치기 6,000원,
순대백반 5,000원, 순대국수 3,000원, 멸치국수 3,000원
영업시간 09:00～20:00
휴무일 비정기적(전화 문의)

07 시흥 해녀의집

기본 정보

주소 제주특별자치도 서귀포시 성산읍 시흥하동로 114
전화 064-782-9230

메뉴&시간

전복(1kg) 150,000원, 전복죽 10,000원,
소라(한 접시) 10,000원, 문어(한 접시) 10,000원,
조개죽 8,000원, 조개회 10,000원
영업시간 07:00～20:00
휴무일 구정, 추석 전일/당일

지극히
주관적인
여 행